ÜBER DIE AUTORIN

Sarah lebt und arbeitet auf einer ehemaligen Erdbeerfarm in Essex. Hier betreiben sie und ihr Mann Dale Gibson ihre nachhaltige Imkerei, Bermondsey Street Bees, gärtnern bei jedem Wetter und gehen mit ihren Hunden an der Küste spazieren.

Ein wesentlicher Bestandteil ihrer Imkerei ist seit jeher die Unterstützung der besten Imkereipraxis und die Erhaltung des ökologischen Gleichgewichts zwischen bewirtschafteten und wilden Bienenpopulationen. Dazu gehört auch die Mitarbeit an vielen pädagogischen und wissenschaftlichen Projekten sowie an den Bestäubergärten, die sie im privaten und öffentlichen Raum angelegt haben.

Als Fachautorin und Rednerin tritt Sarah häufig in Printmedien, online und bei internationalen Veranstaltungen auf. Ihr erstes Buch Planting for Honeybees (Quadrille, 2018) ist sowohl in Großbritannien als auch in den USA ein Bestseller.

Durch ihr Engagement für das Wohlergehen der Bienen und eine nachhaltige Honigproduktion ist Sarah auch in der Lebensmittelwelt als Honigexpertin und aktive Befürworterin der weltweiten Slow-Food-Bewegung bekannt.

---

bermondseystreetbees.co.uk
@plantingforthebees

INHALT

Einleitung – 4

Nicht alle Bienen sind gleich – 10

Die weite, wilde Welt der Bienen – 16

Bestäubung, Bestäuber und Probleme – 42

25 Wildbienenarten – 56

Umgang mit Bienen – 120

Bienenfreundlich gärtnern – 132

Bienenfreundlich planen und pflanzen – 160

Weiterführende Informationen – 186

Register der erwähnten Pflanzen – 194

Danksagung – 206

EINLEITUNG

Als Kind verbrachte ich endlose Stunden damit, die Natur zu beobachten – ich beobachtete an fieberheißen Nachmittagen auf der Terrasse meiner Großmutter in Spanien Ameisennester (es gibt keinen einzigen langweiligen Augenblick in der Ameisenwelt!), hielt im Londoner Park Hampstead Heath Ausschau nach Kröten, die mit goldenen Augen an den Teichen lauerten, oder sammelte Miniatur-Meeresschnecken am Strand in Schottland.

Ein Versuch, Schnecken in einer alten Kaffeedose in meinem Schlafzimmer zu halten, endete, als die Erwachsenen die Quelle eines scheußlichen Geruchs ausfindig machten, der sich im Haus ausgebreitet hatte. Viele meiner Experimente, Wildtiere zu „zähmen", endeten ähnlich – ich wurde aufgefordert, sie zurückzubringen –, aber meine Neugier wurde immer gefördert. Ob klein oder groß, echte Wildtiere sind niemals berechenbar, und darin liegt die Faszination. (Geschichte wiederholt sich: Meine beiden Söhne bringen auch leidenschaftlich gern kleine Kreaturen nach Hause, seien es Grashüpfer, Schlangen oder Krabben.)

Wie so viele geschwisterlose Kinder lebte ich ein intensives eigenes Leben neben dem meiner großen weiteren Familie, hängte mich aber oft an meine Verwandten, wenn sie etwas Interessantes unternahmen. Meistens ging es mit meinem Großvater nach draußen und ich war hungrig nach seinem Wissen über alles, was wir sahen oder hörten.

Mein Großvater hielt viele Jahre lang Bienen, aber in meiner Kindheit lagen die Bienenkörbe schon leer in einem Schuppen. Doch seine Liebe zu Bienen – allen Bienen – und sein Wissen darüber waren immens und wie seine gärtnerischen Tätigkeiten sehr interaktiv.

Er umsorgte die Pflanzen und brachte sie zum Blühen, manchmal hielt er ihnen sogar strenge Vorträge (früher war er Marineoffizier und Gartenarbeit war kein Zeitvertreib aus einer Laune heraus). Aber zusammen beobachteten wir ruhig das weniger offensichtliche Leben im Garten – die Feldmaus im Schuppen, die in der Eiche nistenden Wildenten und die vorbeifliegenden Bienen. Als ich ganz klein war, zeigte er mir, dass zertretene Bienen oft gerettet und wiederbelebt werden konnten (siehe Seite 122), was mir wundervoll erschien.

Ich war von den hakenartigen Füßen der Hummeln fasziniert, mit denen sie sich ganz friedlich sowohl auf einer menschlichen Hand als auch auf einer Blüte niedersetzen konnten. Alle Bienenarten haben dieselben Füße, aber nicht alle neigen dazu, so sanft zu interagieren.

Indem ich im Frühling und an Sommertagen, auf Spaziergängen oder bei der Gartenarbeit nach ihnen Ausschau hielt, lernte ich auch, manche Wildbienenarten zu unterscheiden, besonders, wie er mir beibrachte, indem ich bestimmte Pflanzen betrachtete, die sie bevorzugten, sowie die Orte, an denen sie gerne nisteten. Die Bestimmung war nicht immer einfach, da es allein im Vereinigten Königreich um die 250 unterschiedliche Arten gibt (weltweit sogar unglaubliche 25.000 Arten).

Was über Bienen heutzutage in den meisten Medien geschrieben wird, ist leider meist viel zu pauschal und teilweise oder ganz falsch. Zudem geht es oft um Honigbienen, wobei die zahllosen Wildbienenarten, die ebenfalls viel leisten, ignoriert werden. Sogar auf Regierungsebene werden Maßnahmen für die Bestäuber seit Jahrzehnten von den Prioritäten der Honigbiene dominiert – als ob alles, was über sie gesagt wird, auch für viele andere Arten gelten würde. Oder sogar noch schlimmer, als ob dies die einzigen Bienen wären, die betroffen sind.

Nicht alle Bienen sind gleich und Verallgemeinerungen helfen nicht. Wir brauchen ein informiertes, ganzheitliches und konstruktives Vorgehen, um unsere Wildbienen und die Probleme zu verstehen, die ihnen in der modernen Welt begegnen.

Ähnlich trübe Verallgemeinerungen veranlassten mich, zu forschen und mein erstes Buch zu schreiben, *Pflanzen für Honigbienen*, in dem ich Fakten von Fiktion trennen wollte, während ich neue bestäuberfreundliche Gärten rund um unsere Bienenstände in Suffolk und auf unserer Londoner Dachterrasse anlegte. Als professionelle Bienenzüchter waren mein Mann Dale und ich uns stets unserer Verantwortung für den „grünen Abdruck" der Auswirkungen unserer Bienenstöcke auf die lokalen Wildbienenpopulationen im Klaren, die dieselben floralen Ressourcen nutzen. Nahezu zwei Jahrzehnte haben wir gepflanzt, wo immer wir lebten und arbeiteten, und uns in vielen Ländern für bestäuberfreundliche Gärten eingesetzt.

Der weltweite Rückgang der Insektenzahlen wird als Schlüsselindikator für die Umweltkrise anerkannt, aber ich kann nur ungläubig den Kopf schütteln, wenn ich sehe, wie die allgemeine Berichterstattung die nützlichsten aller Insekten, die Wildbienen, beharrlich ignoriert. Es wurde

viel über den Druck auf Honigbienen gesagt, aber nicht annähernd genug Menschen wissen etwas über ihre noch verletzlicheren Verwandten, weshalb ich nun ein Schlaglicht besonders auf diese werfen möchte.
Ich schreibe dieses Buch an einem Wendepunkt meines Lebens, weil wir nun für immer von London Richtung Osten an die Küste von Essex gezogen sind. Ich muss nun nicht mehr um Flecken betteln, oder diese stehlen oder mieten, um darauf zu pflanzen, sondern habe plötzlich einen riesigen Garten, der mich in ziemliche Unruhe versetzt! Ich möchte alles machen, und das sofort. Aber die Realität ist, dass es Jahre braucht, um ein Ökosystem aufzubauen, das bisher hauptsächlich in meiner Vorstellung existierte. Aber hier gibt es bereits viele Arten von Bienen und anderer Bestäuber, und ich tue viel dafür, um zu lernen, wie man sie unterscheidet und wie man sie durch gezieltes Pflanzen und die Schaffung eines natürlichen Lebensraums unterstützen kann.
Daher ist Ihre Reise durch dieses Buch auch meine Reise. Ganz gleich, ob Sie die Bienen genauer beobachten möchten oder ob Sie Platz zum Pflanzen und zur Schaffung von Lebensräumen haben – allein die Tatsache, dass Sie mehr über die unglaubliche Vielfalt der Bienen und ihre erstaunlichen Lebensgeschichten erfahren, ist ein wichtiger Beitrag zu einem breiteren Verständnis, das wir so dringend brauchen.

EIN WORT ÜBER ZAHLEN

Die Natur ist nicht dazu angetan, Köpfe zu zählen. Aber manchmal sind Zahlen hilfreich, daher führe ich meist Durchschnittswerte an, ohne immer „ungefähr" dazuzuschreiben.
So spricht man normalerweise von 25.000 Bienenarten auf der Erde. Diese Zahl kann sich jedoch aufgrund von Neueinstufungen, Aussterben und neuen Entdeckungen ändern. Und wie viele Arten von Honigbienen gibt es weltweit? Ich würde sagen, sieben. Und etwa 250 Hummelarten. Und die Hummelkönigin? Ist sie immer 16 mm groß? Nein, sie kann bis zu 22 mm groß sein. Die Wandlungsfähigkeit der Natur gehört zur Freude am Entdecken.

KAPITEL 1

NICHT ALLE BIENEN *sind gleich*

NICHT ALLE BIENEN SIND GLEICH

In den Medien spricht man eigentlich nur von einer Biene – der Honigbiene. Von der Biene, die unseren Honig fürs Frühstück herstellt.

Wegen ihres Ruhms für ihr besonderes Talent wurden die Honigbienen auf sentimentale Weise zu Stellvertretern für alle Bienen, dominierten die Schlagzeilen und saugten die ganze Zuneigung für Bienen auf. Was es noch komplizierter macht, ist, dass nur wenige wissen, was eine Honigbiene ist oder wie sie aussieht. Als man den Leuten Bilder von Honigbienen und Hummeln zeigte und sie fragte, welche den Honig macht, tippten die meisten (fälschlicherweise) auf die behaarten Hummeln, weil sie so „süß" aussahen, vor allem im Vergleich zum wespenähnlichen Verwandten, der berühmten Honigbiene.

Auch hier haben die Medien viele Fragen zu beantworten, denn sie säen fortwährend die Samen der Unwissenheit. Unzählige Bücher über Bienen, Filme, Schmuck, Schreibwaren, Schönheitsprodukte und Lebensmittelverpackungen (manchmal sogar Honiggläser) tragen Bilder von Hummeln, weil sie so rund und pelzig aussehen; einfach die „ideale" Biene für jedermann. Das macht genauso viel Sinn, wie Geschichten über Rhinozerosse mit Elefantenbildern zu illustrieren – ja, beide sind groß und grau, aber es handelt sich um völlig andere Tiere.

Ebenso sind auch nicht alle Bienen gleich. In der Tat gibt es auf der Erde 25.000 unterschiedliche Bienenarten. Aber davon sind nur sieben Arten Honigbienen, 0,03 Prozent der weltweiten Bienenarten insgesamt. Im Vereinigten Königreich gibt es etwa 250 Arten und in den USA 4.000 mehr. Schockiert?

Hier kommt noch eine große Überraschung. Egal, was die Medien und Marketingleute sagen, Honigbienen sind nicht vom Aussterben bedroht, auch wenn sie manchmal stark vom Menschen ausgebeutet werden. Das liegt daran, dass es, wie bei Hühnern und Schafen, Haustierarten gibt, deren Anzahl weitestgehend von Menschen kontrolliert wird. Wo Bienenstöcke verloren gehen (etwa durch schlechte Bewirtschaftung, Hunger, Krankheiten und/oder andere Umweltbelastungen), können sie durch Zuchtprogramme ersetzt werden.

Zucht-Honigbienen sind weit davon entfernt auszusterben, ihre Zahl ist in den letzten Jahrzehnten stetig gestiegen, sogar trotz der „Staaten-Kollaps"-Krise in den USA, die erstmals 2006 beschrieben wurde. (Siehe Grafik der Vereinten Nationen auf Seite 14.)

Die Zahl der Bienenstöcke nimmt weiter zu und wird für das Jahr 2021 auf 94 Millionen geschätzt. Viele Bienenstöcke bieten kommerzielle Bestäubungsdienste oder wertvolle Einkünfte für Subsistenzbauern in Entwicklungsregionen. Aber immer mehr Umweltschützer sehen in dieser Dichte an (oft importierten) Honigbienen eine wachsende Herausforderung für heimische Wildbienen und andere Bestäuberarten, die sich die schrumpfenden Ressourcen teilen müssen. Auch viele Hummelarten werden kommerziell gehalten und weltweit verschifft, um die Bestäubung zu steigern (siehe Seite 49–53). Wenn sie in die Wildnis entlassen werden, vernichten sie mancherorts heimische Bienenpopulationen.

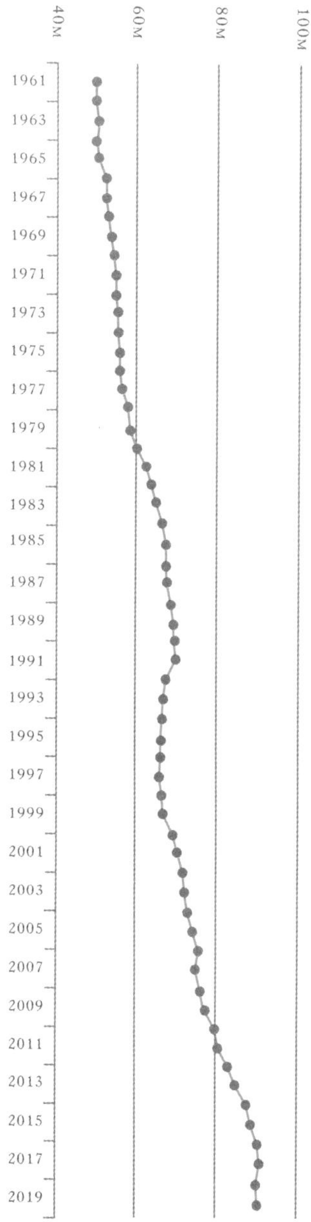

Anzahl an Bienenstöcken weltweit 1961–2019

QUELLE: UNITED NATIONS (FAOSTAT)

Aber weil sich die meisten Wildbienen nicht kommerziell nutzen lassen, verlaufen ihre Lebenszyklen oft im Verborgenen. Sie sind einfach „da“, als Teil des großen Plans der Natur. Nur, dass sie immer öfter nicht mehr da sind.

Wildbienenarten sind wichtige Bestäuber, dennoch sind viele durch den raschen Wandel in der Landnutzung und die fortschreitende Urbanisierung sowie durch großflächige landwirtschaftliche Praktiken stark gefährdet. Nun wissen Sie, warum wir dringend die Debatte über Bienen erweitern müssen. Wenn Marketingleute das ewig gleiche Mantra „Schützt die Bienen“ rufen, sollten wir fragen: „Welche Bienen, und wo?“

Ich hoffe, dass dieses Buch zu einem besseren Verständnis von Bienen beiträgt und praktische Ideen bietet, wie man unsere Bienenpopulationen unterstützen kann. Jeder einzelne von uns kann nicht die Welt verändern, aber wenn viele kleine positive Dinge unternehmen, durch ihr Wissen oder Handeln, addiert sich das zu etwas Bedeutsamem und Wichtigem.

Viele Menschen setzen sich für den Schutz von Wildbienen ein, schließen Sie sich ihnen an! Verändern Sie Ihren Blick von Makro zu Mikro, dann wird sich die Welt um Sie herum auch verändern.

KAPITEL 2

DIE WEITE, WILDE
Welt der Bienen

DIE WEITE, WILDE WELT DER BIENEN

Auf diesem Planeten gibt es etwa 25.000 Bienenarten. Das sind mehr als alle Säugetiere, Vogel- und Amphibienarten zusammen.

Bienen sind sehr alt, sie haben sich vor 80 bis 90 Millionen Jahren aus Vorfahren der Gemeinen Wespe entwickelt. In dieser Zeit haben sie alles überstanden, was der Planet ihnen zugemutet hat – vielleicht bis jetzt, denn der massive Druck der modernen Landwirtschaft, der Urbanisierung, des weit verbreiteten Einsatzes von Chemikalien und des Klimawandels ist für viele Insekten zu viel.

Alle Bienenarten habe dieselbe physische Grundform. Die Mehrheit von ihnen sammelt ganz feine Pollenkörner und Nektar (eine süße Substanz, die von Pflanzen abgesondert wird), beides sind Nahrungsmittelquellen. Während sie die Blumen aufsuchen, um sie zu sammeln, bestäuben sie nebenbei die Pflanzen, von denen so viel in der Natur abhängt. Ihre Arbeit als Bestäuber macht sie für diesen Planeten lebenswichtig. Und das ist auch schon alles, was wir an Verallgemeinerungen über Bienen gelten lassen sollten, denn jede Bienenart hat ihr eigenes Aussehen und ihren eigenen Lebenszyklus, ihre eigenen spezifischen Lebensraumbedürfnisse und ihren eigenen Nährstoffbedarf.

Die Wissenschaft teilt Bienen in Familien ein, aber die einfachste Unterteilung ist die in soziale und Solitärbienen.

SOZIALE BIENEN

Soziale Bienen leben in Staaten, zu denen eine Bienenkönigin, Arbeiterinnen und Drohnen gehören. Sehr wenige Bienenarten sind soziale Bienen, vorwiegend die sieben Honigbienenarten, die 250 Hummelarten und etwa 500 Arten von Stachellosen Bienen.

Stachellose Bienen, in tropischen und subtropischen Regionen heimisch, sind die einzige andere Bienenart, die vom Menschen speziell zur Erzeugung von Honig gehalten wird (wenn auch eine ganz andere Art von Honig, der in sehr geringen Mengen produziert wird). Honigbienen und Stachellose Bienen leben in großen, langlebigen Staaten und ernähren sich in schwierigen Zeiten (Winter, Monsun, Dürre etc.)

von ihren Honigvorräten. Ihre Königinnen können mehrere Jahre alt werden.

Aber eine Hummelkönigin lebt generell nur einen Jahreszyklus lang, in dem sie eine relativ kleine Kolonie aufbaut, die innerhalb nur weniger Monate komplett zerstreut wird. In gemäßigten Klimazonen paaren sich ihre spät schlüpfenden Töchter (neue Königinnen) im Herbst und überwintern allein, bevor sie im folgenden Frühling ihren eigenen Staat aufbauen. Allerdings beginnt der Klimawandel die Gewohnheiten der Hummeln bei der Überwinterung zu beeinträchtigen.

SOLITÄRBIENEN

Etwa 90 Prozent der Bienen weltweit sind Solitärarten, dazu gehören Mauerbienen, Sandbienen und viele andere. Ihr Lebenszyklus ist kurz und je nach Art graben sie Höhlen oder richten ihre Nester in hohlen Pflanzenstängeln oder Löchern in Holz oder Ziegelsteinen ein. Wie Sie auf Seite 151–158 lesen können, sind manche noch kreativer, was die Auswahl ihrer Behausung betrifft.
Solitärbienen leben generell allein, sie haben keine Königin und keine Arbeiterinnen. Jedes Weibchen baut sich ihre eigene, ganz besondere Art von Nistplatz, sammelt bestimmte Nahrung für ihre Brut und legt ihre Eier in gut angelegte Vorratskammern, bevor sie sie verschließt und den Nistplatz verlässt. Sie stirbt und hinterlässt ihre Nachkommen, die mehrere Monate später aus dem Nest kommen und einen neuen Solitär-Lebenszyklus beginnen. Die jungen männlichen Bienen verlassen meist zuerst den Nistplatz, sind also entwickelt und paarungsbereit, wenn die jungen weiblichen Bienen kurz danach schlüpfen. Jedes Weibchen sucht sich in der Nähe eine gute Stelle, um Vorrat und einen eigenen Nistplatz anzulegen.
Wenn es manchmal so scheint, als gäbe es eine „Kolonie“ von Solitärbienen, so liegt das nur daran, dass manche Arten ihre Nistplätze sehr nah beieinander an Stellen einrichten, wo sie gute Lebensbedingungen vorfinden. (Aber um für noch mehr Verwirrung zu sorgen: Einige Wissenschaftler haben Solitärbienen entdeckt, die ein primitives Sozialverhalten an den Tag legen.)

KUCKUCKSBIENEN

Viele Bienenarten sind anfällig dafür, dass ihre Völker von parasitären Kuckucksbienen infiltriert werden, die ihre Eier in das Nest ihres ausgewählten Wirtes legen. Das ist eine clevere Strategie, die sich im Falle der Hummeln eine willige Arbeitskraft und im Falle der Solitärbienen reichlich gefüllte Vorratskammern zunutze macht. Hummelarten haben oft ganz eigene „Doppelgänger-Kuckucksbienen". Für ihre raffinierte Taktik sind sowohl eine bestechende Ähnlichkeit als auch ein kluges Timing entscheidend. Um entweder mit der Hummelkönigin zusammenzuleben oder sie zu töten und zu ersetzen, muss ein Kuckucksweibchen in das Wirtsnest eindringen, ohne von den Bewohnern entdeckt und verjagt zu werden. Einmal akzeptiert, kann es sich selbst als neue und legitime Königin einsetzen, ihre Eier legen und diese von den Arbeiterinnen füttern lassen, die die Kuckucksbrut aufziehen.

Der Pragmatismus der Natur mag hart wirken, aber es geht darum, die Balance zu halten. Jedes dieser Insekten hat seine ihm zugewiesene Rolle innerhalb eines großen Ganzen.

< Unterschiedliche Bienenarten können friedlich koexistieren, indem sie in einem Bereich verschiedene Habitate belegen.

„ALLGEMEINE“ ANATOMIE VON BIENEN

Körper, Größe und Farbe einzelner Arten sind sehr unterschiedlich, aber ihnen liegt allen dieselbe Anatomie zugrunde

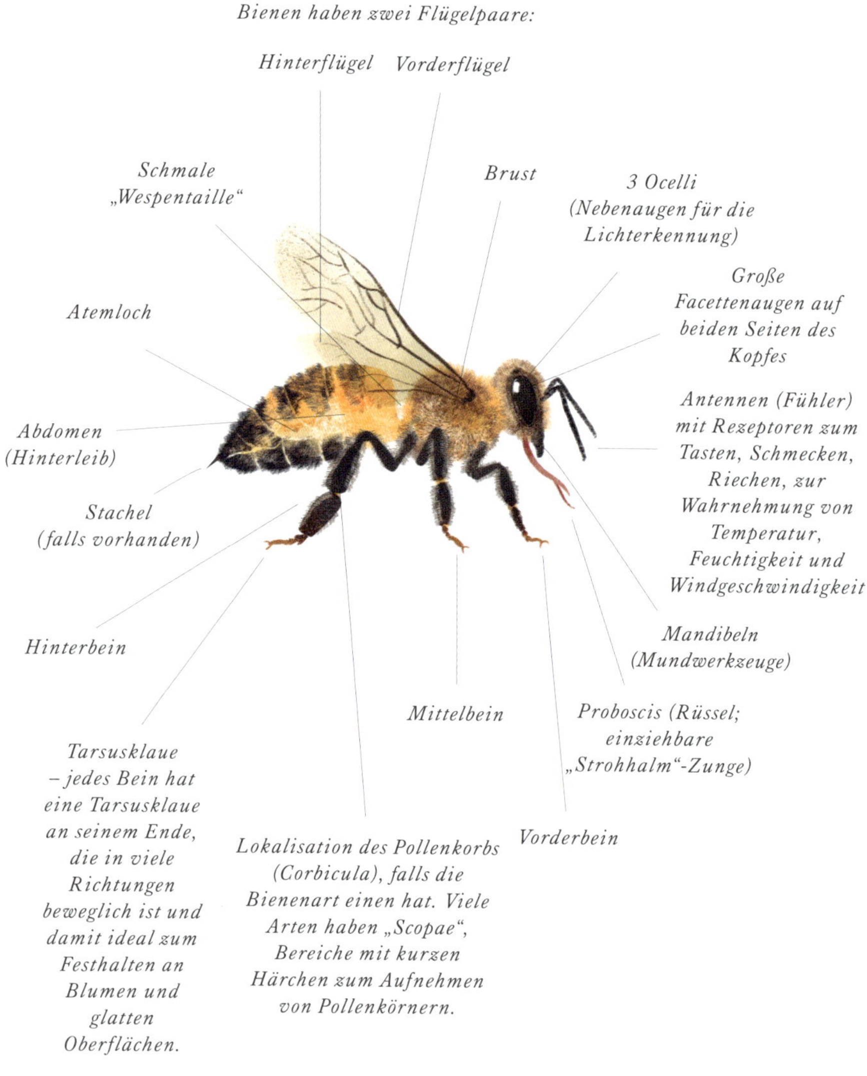

WAS TRAGEN BIENEN ZUM LEBEN AUF DER ERDE BEI?

Die Bestäubungsaktivität der 25.000 unterschiedlichen Bienenarten weltweit versorgt Millionen lebender Kreaturen direkt mit Futter, unter anderem mit Früchten, Nüssen und Gemüse. Bestäubung erzeugt auch Pflanzen-Habitate, die eine unschätzbare Zahl von Organismen unterstützen, ganz primitive bis sehr komplexe. Dies sind einige weniger bekannte Beiträge von Bienen:

FLEISCH UND MILCHPRODUKTE

Auch von Bienen bestäubte Pflanzen wie Klee, Luzerne, Sojabohnen und Erbsen werden zu Futter für Kühe, Schafe und Schweine verarbeitet, in Form getrockneter Pellets oder als Silage. Hühnerfutter enthält oft Komponenten dieser Pflanzen, manchmal werden Hühner auch mit Ringelblumenblüten gefüttert, damit das Eigelb ein intensiveres Gelb bekommt.
Frei laufende Hühner und Wiederkäuer fressen ebenfalls oft von Bienen bestäubte Pflanzen. Auch die Landwirte nutzen wieder vermehrt traditionelle Fruchtfolgen mit „Kräuterwiesen“ – komplexe Zusammensetzungen aus verschiedenen Gräsern mit von Bienen bestäubten Kräutern und Gemüsesorten. Sie reichern den Boden auf natürliche Weise an, fördern die Gesundheit grasender Tiere, stellen Bestäubern Nahrung zur Verfügung und reduzieren den Einsatz von Agrochemikalien.
Ohne Bienen hätten Fleisch, Eier und Milchprodukte viel weniger Nährstoffe und Geschmacksqualität und wären so knapp, dass sie für die meisten Menschen nicht zu bekommen oder unerschwinglich wären.

FISCH

Futter in Pelletform für Zuchtfische enthalten von Bienen bestäubte Produkte, unter anderem Sojabohnen und Rapsöl.

MEDIZIN

Traditionelle Heilmethoden basierten immer auf von Bienen bestäubten Pflanzen, auf wirkungsvollen Kräutern oder Baumrinde und -blättern für Getränke, Salben und Tinkturen oder auch ätherische Öle. Aber auch die moderne Medizin setzt auf von Bienen bestäubte Pflanzen. Sie werden für die Herstellung von Schmerzmitteln wie Morphium (aus Mohnpflan-

Helle Erdhummeln nisteten glücklich unter meinem Gartenhaus und flogen durch einen Spalt zwischen der Steinstufe und der Mauer ein und aus.

zen), Aspirin (aus Weidenrinde) und Capsaicin (aus Paprikaschoten) benötigt. Vinca (Immergrün) wird für lebensrettende Krebsmedikamente verwendet, Artemisia-Extrakte zur Behandlung von arzneimittelresistenter Malaria und aus Schneeglöckchen wird ein Alkaloid zur Alzheimer-Behandlung gewonnen. Die Liste ließe sich noch fortführen und reicht von der Volksmedizin zur modernen Pharmakologie.

HOLZ

Hochwertiges Holz für den Möbel- und Hausbau stammt oft von Hartholzgewächsen, die von Bienen aufgesucht und bestäubt werden.

STOFFE

Einige wichtige Naturfasern stammen von Pflanzen, die von Bienen bestäubt werden, etwa Baumwolle, Leinen, Hanf und Sisal.

SAATGUTPRODUKTION IM GARTENBAU

Das Saatgut, das wir für unsere Gärten kaufen, stammt weitestgehend von Pflanzen, die von Bienen bestäubt wurden.

KÜCHENVORRÄTE

Abgesehen von zahlreichen Obst- und Gemüsesorten, die uns die Bienen zur Verfügung stellen, sind unsere Küchenschränke voll mit von Bienen bestäubten Produkten.

Gewürze: Für die Herstellung Tausender Gewürze spielen Bienen eine wichtige Rolle, dazu gehören Safran, Kardamom, Piment, Vanille, Muskatnuss, Sternanis, Tamarinde und Senf.

Kräuter: Die Mehrzahl der bekannten Küchen- (und Heil-)kräuter werden von Bienen bestäubt. Dazu gehörten Basilikum, Thymian, Rosmarin, Oregano, Salbei, Minze, Schnittlauch, Lorbeer, Koriander ebenso wie Tausende weniger bekannte Wildkräuter.

Öle: Rapsöl, Leinöl und Sonnenblumenöl stammen alle von Pflanzen, die von Bienen bestäubt werden.

Kleine Luxusartikel: An der Produktion von Kaffee, Tee und, in geringerem Ausmaß, Kakao sind Bienen beteiligt.

VOM EI ZUR ADULTEN BIENE

Wie verschieden ihr späterer Lebenszyklus auch sein mag, alle Bienen durchlaufen dieselben Grundstufen, wenn sie vom Ei zum adulten Tier heranwachsen. Bei Solitärbienen kann es Monate dauern, bis sie diese Entwicklung vollzogen haben, während sie bei sozialen Bienen viel schneller verläuft, in nur wenigen Wochen.

EI

Die Eier, aus denen junge weibliche Bienen schlüpfen, werden von adulten Weibchen gelegt, die sich gepaart haben und in ihrem Körper Spermareserven tragen. Damit befruchten sie die Eier, aus denen sich die Töchter entwickeln.

Eier für männliche Bienen werden absichtlich nicht befruchtet. Das bedeutet, dass in den Staaten der Sozialbienen von unfruchtbaren Arbeiterinnen manchmal männliche Eier gelegt werden können.

Bei sozialen Bienenvölkern werden die Eier in Zellen gelegt, die mit dem von den Bienen selbst hergestellten Wachs gefüllt sind, und die Arbeiterinnen kümmern sich gewissenhaft um die Brut. Im Gegensatz dazu legen die weiblichen Solitärbienen ihre Eier in mit Nahrung gefüllte Zellen, die sie aus Blättern, Schlamm oder anderen Materialien gebaut haben. Dieser Nistplatz wird dann verschlossen und die nächste Generation wird sich selbst überlassen.

VON DER LARVE ZUR VORPUPPE

Aus den Eiern schlüpfen Larven (wie lange das dauert, ist von Art zu Art unterschiedlich). Diese winzigen aufgerollten Larven, die keine Beine und Augen haben, sehen ganz anders als adulte Bienen aus. Sie sind gefräßig und häuten sich in der Regel während ihres Wachstums wiederholt. In Bienenstaaten stellen die Arbeiterinnen ihnen mit Nektar befeuchteten Pollen zur Verfügung, der regelmäßig von Sammlerinnen herbeigebracht wird. Bei Solitärbienen versorgen sich die Larven selbst mit dem Futter, das die Weibchen vor dem Verschließen in die Zellen gebracht haben. Schließlich beenden die Larven die Futteraufnahme, bevor sie in das Puppenstadium, den nächsten Schritt bis zur vollständigen Reife, übergehen.

VON DER PUPPE ZUR ADULTEN BIENE

Die meisten Bienenlarven verpuppen innerhalb eines seidigen Kokons, den sie selbst spinnen (abgesehen von Ausnahmen und manchen Arten, die diesen Schritt ganz überspringen). Im Inneren des Kokons reift die junge Biene zu einer adulten heran, bevor sie sich durch ihre Zelle nach außen frisst. An der Luft härtet ihr weicher Körper aus und sie wird zu einer funktionsfähigen adulten Biene.

Hummeln bauchen Wachszellen und „Honigtöpfe“ in ihren Nistplätzen.

Wie Bienen und Menschen denselben Löwenzahn wahrnehmen

WAS SEHEN, SCHMECKEN UND HÖREN BIENEN?

SEHEN

Bienen nehmen die Welt um sich herum auf andere Weise als Menschen wahr, angefangen bei dem, was sie mit ihren beiden Augenpaaren sehen. Die großen Facettenaugen auf beiden Seiten des Kopfes bestehen aus zahlreichen Linsen, die jeweils Botschaften wie in Mosaiksteinchen zum Gehirn senden, das sie zu ganzen Bildern zusammensetzt. Sie erfassen Bewegungen schneller als das menschliche Auge.

Die Farbwahrnehmung der Facettenaugen ist anders als unsere, weil Bienen im ultravioletten Spektrum sehen. Viele Blumen haben Farben, die für das menschliche Auge nicht zu erkennen sind, um Bienen bestimmte Informationen über ihre Form oder ihr Futterpotenzial zu geben. Die meisten Bienen haben eine charakteristische Vorliebe für blaue oder violette Blumen, aber auch gelbe und weiße können sie gut erkennen. Rote Blumen erscheinen ihnen schwarz.

Oben auf ihrem Kopf haben sie drei weit primitivere Augen, die Ocelli oder Nebenaugen, die jeweils aus einer einzelnen Linse bestehen. Sie sind in einem Dreieck angeordnet und erlauben es den Bienen, sich mithilfe der Sonne zu orientieren, auch bei bedecktem Himmel. Auch viele andere Insektenarten haben Ocelli, unter anderem Kakerlaken und Fliegen.

Bienen sind außerhalb des Nests stark auf ihr Sehvermögen angewiesen, und man kann junge Bienen in sozialen Völkern bei Orientierungsflügen beobachten, bei denen sie sich ihre Umgebung einprägen, bevor sie auf Nahrungssuche gehen. Alle Bienenarten orientieren sich nicht nur an der Sonne, sondern sehen physische Orientierungspunkte und prägen sie sich ein, um sich davon bei der Suche nach Futter oder beim Paarungsflug sicher hin- und wieder zurückführen zu lassen.
Studien zeigen, dass Honigbienen dieselben Fähigkeiten nutzen können, um menschliche Gesichter zu identifizieren. Sie können sie von verschiedenen Blickwinkeln aus wiedererkennen (wie wir auch) und sich bis zu zwei Tage lang an sie erinnern. Zur Intelligenz von Bienen siehe auch Seite 31–32.
Bienen kennen noch eine andere Navigationsweise, sie nutzen Elektrorezeptoren in ihrem Körper, um Information zu erhalten, wo sie sich befinden. Sie können also aus elektromagnetischen Signalen von Pflanzen und Kohlenwasserstoff-„Abdrücken" anderer Bienen Informationen über die Futterquellen gewinnen.

GERUCH UND GESCHMACK

Ein scharfer Geruchssinn ist lebenswichtig für Bienen. Olfaktorische Rezeptoren auf ihren Antennen helfen, attraktive Futterquellen zu lokalisieren, manchmal kilometerweit entfernte. Die Beziehungen zwischen sozialen Bienen werden durch Duftstoffe bestimmt. Hummel- und Honigbienenköniginnen kontrollieren ihre Nistplätze durch Ausscheidung von Pheromonen (natürliche Chemikalien). Der Geruch der Königin wird von den Arbeiterinnen darin verbreitet, wodurch sie Zugehörigkeit markieren und Aktionen und Stimmung des Bienenvolks festlegen. Er ist so wirkmächtig, dass er sogar die physische Entwicklung der weiblichen Arbeiterinnen kontrolliert und verhindert, dass sie Eierstöcke ausbilden.
Da die Pheromone einer Hummelkönigin am Ende ihres Lebenszyklus verblassen, lässt ihre Kontrolle nach. Ihre Tochter-Arbeiterinnen können dann die Kontrolle über das Nest übernehmen und, da ihre Eierstöcke nun aktiv sind, eigene (unbefruchtete) Eier legen.

Honigbienen antworten auf den Ausfall der Pheromone der Königin, indem sie sie durch eine neue junge Königin ersetzen (siehe Seite 116–119). Die herangereifte neue Königin ersticht ihre Vorgängerin dann, außer wenn diese im Schutz eines Schwarms das Nest bereits verlassen hat. Pheromone spielen auch eine Schlüsselrolle beim Paarungsverhalten, sie locken die Weibchen an bestimmte Orte, wo Ansammlungen von Männchen auf sie warten.
Bienen haben auch einen guten Geschmackssinn. Sensoren in ihren Antennen, Mundpartien und Vorderfüßen sind gut abgestimmt, um Süße und – in mit Honigbienen durchgeführten Versuchen – auch Salzigkeit zu spüren.

HÖREN

Bienen haben keine Ohren, aber sie hören, indem sie Schwingungen mit speziellen Organen auf ihren Beinen und Antennen wahrnehmen. Ihr gesamter Körper ist zudem extrem empfindlich für Schwingungen, die über die Luft oder auch über eine Oberfläche übertragen werden.
Da sie keine Ohren haben, sind die Geräuschfrequenzen, die sie wahrnehmen können, begrenzt, aber sie können laute Geräusche und menschliche Stimmen „hören". Für Bienen ist das Gehör jedoch ein Mittel, um ihr Überleben zu sichern, es dient nicht der sozialen Interaktion. Was sie also gut erkennen können, betrifft in erster Linie ihre Nahrung, die Paarung und andere wichtige Verhaltensweisen.
Das Summen entsteht durch die Bewegung ihrer Flügel mit den Flugmuskeln am Bauch. Dadurch können sie Informationen oder Bedürfnisse an andere Bienen übermitteln. Honigbienen (Hummeln jedoch nicht) können dazu in ihrem Nest „tanzen", indem sie Waben nutzen, um bestimmte Schwingungen zu verstärken. Junge Königinnen der Honigbienen erzeugen noch weitere Geräusche, die Menschen gut wahrnehmen können und die oft als „Pfeifen" oder „Tuten" beschrieben werden.

SIND BIENEN SCHLAU?

Bienen haben mehr als 80 Millionen Jahre überlebt, weil sie unglaublich anpassungsfähig sind. Grundlage ihrer Anpassungsfähigkeit ist ihre Lernfähigkeit. Naturforscher, Philosophen, Soziologen, Verhaltensforscher und viele andere Experten teilen eine Faszination für die Komplexität des Bienenlebens, vor allem für die staatenbildenden sozialen Bienen. Der Erfolg eines Bienenstaates – gewissermaßen ein einzelner Organismus – hängt davon ab, dass jedes Individuum in diesem Organismus die ihm zugedachte Rolle zu einem bestimmten Zeitpunkt erfüllt.

Dazu gehören nicht nur offensichtliche motorische Fertigkeiten, sondern ebenso eine ausgeklügelte physische Wahrnehmung der Welt um sie herum. Soziale Bienen haben die Fähigkeit, sich gegenseitig ihre Erkenntnisse auf verschiedene Weise mitzuteilen (siehe links) und diese Informationen in ihr Verhalten einzubeziehen. Alle Bienen haben auch eine enge Beziehung zu den Pflanzen, von denen sie sich ernähren, und zwar zumindest durch subtile visuelle und olfaktorische Merkmale, die ihr weiteres Verhalten beeinflussen.

Sie weisen eine Kombination aus ererbtem Wissen und Vor-Ort-Lernen auf; und in den vergangenen Jahren haben Wissenschaftler die Stärke von Bienengehirnen auf neuartige Weise getestet. In mehreren Studien wurden Belohnungen eingesetzt, um Bienen dazu zu bewegen, speziell gefärbte oder sogar künstliche Blumen aufzusuchen. Die Bienen lernten schnell, positiv e Resultate mit bestimmten Formen und/oder Farben in Verbindung zu bringen und haben uns so eine Vorstellung von ihrer Anpassungsfähigkeit an wechselnde Umgebungen und Pflanzen gegeben.

Bienen lernen auch voneinander, wie eine Studie gezeigt hat, bei der Wissenschaftler Hummeln trainiert haben, kleine gelbe Kugeln zu unterscheiden und zu bearbeiten und Zuckerwasser als Belohnung zu finden. Ihre Hummeln-Schwestern, die beim Experiment zusahen, lernten allein vom Zuschauen, was zu tun ist und verfeinerten die angewendeten Techniken, um sowohl die gelbe Zielkugel als auch eine Ersatzkugel in einer anderen Farbe zu bearbeiten. Einer der Forscher von der Queen Mary University in London sagte dazu: „Das ist der Sargnagel für die Vorstellung, dass die kleinen Gehirne die Insekten einschränken." Sie können auf YouTube in einem wunderbaren Video sehen, wie die Forscher von der Queen Mary University die Hummeln trainieren.[1]

Honigbienenvölker leben länger und ihre Staaten sind noch komplexer als die von Hummeln. Als Spezies sind sie das am zweithäufigsten untersuchte Lebewesen – nach dem Menschen. Wir sind von ihren Fähigkeiten, sowohl den instinktiven als auch den erlernten, fasziniert. Kürzlich haben Forscher von der Sheffield University entdeckt, dass Honigbienen mathematische Aufgaben mithilfe von visuellen Hinweisen lösen können, im Gegensatz zum menschlichen Gehirn, das Zahlen auf kognitive Weise verarbeitet. Dies soll sowohl für künftige Entwicklungen im Bereich der künstlichen Intelligenz (KI) als auch für ein neues Verständnis der numerischen Fähigkeiten vieler anderer Lebewesen von Bedeutung sein. Der scharfe Geruchssinn von Honigbienen hat Forscher auch dazu veranlasst, sie auf das Erschnüffeln von Landminen zu trainieren.

Zu Hause in unseren eigenen Bienenstöcken haben wir beobachtet, dass Bienen ein ganz sicher vor Hunderttausenden von Jahren erlerntes und niemals vergessenes Verhalten an den Tag legten. Für eine Honigbiene ist jedes Tier mit braunem Fell in der Nähe seines Nistplatzes ein Bär, der ihren Honig stehlen will. Während daher die Bienen in unserem Bienenstock es friedlich tolerieren, dass unsere geschmeidige, weiße Katze ihre Tatze in die Öffnung steckt, kommt unser schokoladenbrauner Burma-Kater regelmäßig ins Haus gestürmt, nachdem er von den Bienen verjagt wurde. Er hat gelernt, Distanz zu halten, wie unser brauner struppiger Retriever, während unser kleiner schwarzer Mops unbehelligt durch die Bienenstöcke toben kann.

Unsere „Bienen-Hunde“: Midge, der Bär, und Moss, der Mops

WAS IST DER UNTERSCHIED ZWISCHEN NEKTAR UND HONIG?

Bienen sammeln Nektar von Pflanzen. Sie saugen mit ihren Rüsseln (strohhalmförmigen Mundteilen) die zuckersüße, wässrige Substanz aus den Blüten und transportieren sie auf der Rückreise zum Nistplatz in einem speziellen Honigmagen. Nektarproduzierende Pflanzen haben meist eigene nektarproduzierende Drüsen (Nektarium) im Innern der Blüte, manche auch außen auf den Stängeln oder Blättern, etwa Farnkraut, Holunder und Passionsblumen.

In Hummelnestern wird der Nektar in winzigen Wachstöpfchen aufbewahrt. Adulte Bienen trinken daraus und Arbeiterinnen mischen etwas davon mit Pollen, um damit die Brut zu füttern. Auch Solitärbienen ernähren sich von Nektar und mischen ihn mit Pollen; sie legen diese Mischung als Futter für die schlüpfenden Larven neben ihre Eier. Sowohl Hummeln als auch Solitärbienen haben Nester, die nur für kurze Zeit bewohnt sind, weshalb sie keine großen Vorräte anlegen müssen. Sie müssen auch nicht befürchten, dass der Feuchtigkeitsgehalt des Nektars (der bis zu 80 Prozent Wasser betragen kann) zur Gärung führt. Denn bevor das passiert, ist er schon aufgebraucht.

Aber Honigbienen haben große Kolonien, die von Jahr zu Jahr überleben. Wie Hummeln und Solitärbienen sammeln sie Nektar für die Adulten und die Brut. Außerdem speichern sie große Mengen davon in den Waben, die sie bauen, und legen Vorräte an, aus denen sie bei schlechtem Wetter oder im Winter schöpfen können, wenn sich die Kolonie um ihre wertvolle Königin schart. Um diese große Menge an Vorrat aufzubauen, müssen Honigbienen viel mehr Nektar als andere Bienen sammeln, weshalb sie besonders auf nektarbildende Blumen angewiesen sind.

Um zu verhindern, dass der Nektar gärt, reduzieren Honigbienen seinen Wassergehalt stark, bevor sie ihn in den Waben aufbewahren, indem sie den verdünnten Zucker zu der zähflüssigen, natürlich-sterilen, übersättigten Masse konzentrieren, die wir Honig nennen. Ein Großteil der Entwässerung erfolgt, indem sie mit den Flügeln über den gefüllten Zellen fächeln, wodurch das „Summen“ entsteht, das wir von einem geschäftigen Bienenstock hören. Erst wenn sie den Wassergehalt um etwa 18 Prozent reduziert haben, verschließen sie die Zellen mit den Honigvorräten mit einer letzten Wachsschicht. (Die tropischen/subtropischen stachellosen Bienenarten sammeln ebenfalls Nektar und machen daraus eine sehr flüssige Art von Honig, der in winzigen Wachstöpfchen in der Kolonie aufbewahrt wird.)

Da der aufbewahrte Honig stark konzentriert ist, müssen Honigbienen kleine Mengen Wasser in ihre Nester bringen, um ihn zu verdünnen oder aufzulösen, bevor sie ihn fressen. Hummeln und Solitärbienenarten sind weniger abhängig von äußeren Wasserquellen, weil der Nektar, den sie zu sich nehmen, bereits viel Wasser enthält.

Honig ist ein außergewöhnliches Nahrungsmittel, das Kolonien von Honigbienen (und Stachellosen Bienen) das Überleben ermöglicht. Verantwortungsbewusste Imker nehmen ihren Bienen niemals ihre lebenswichtigen Vorräte weg, sondern nur den Anteil, der eindeutig ihre Bedürfnisse übersteigt. Kolonien von Wildbienen müssen natürlich ihre Vorräte vor weiteren potenziellen Honigdieben verteidigen, nicht nur vor Imkern.

NICHT MIT BIENEN ZU VERWECHSELN

Als ob das Leben für den angehenden Bienenbeobachter nicht schon kompliziert genug wäre, gibt es noch zahlreiche andere Insekten, die Bienen auf natürliche Weise ähneln oder sie imitieren.
Die schwarz-gelbe Körperfärbung ist in der gesamten Insektenwelt ein Zeichen für Giftigkeit oder Aggression. Daher haben sich viele Insekten (auch friedliche und harmlose) so entwickelt, dass sie Bienen oder Wespen ähneln, um sich entweder vor Fressfeinden zu schützen (eine Art der Nachahmung, die als „Bates'sche Mimikry" bekannt ist) oder andere Tricks anwenden.
Dies sind die drei Haupttypen von Insekten, die oft fälschlicherweise für Bienen gehalten werden:

WESPEN UND HORNISSEN

Oft werden Wespen und Honigbienen verwechselt, weil sie beide die schwarz-gelben Streifen ihrer gemeinsamen Vorfahren haben. Aber sie haben sich ganz unterschiedlich entwickelt und wenn man sie nebeneinander sieht, erkennt man das deutlich. Bienen haben haarigere Körper und eine schwächere Musterung als die leuchtend gelben Streifen der Wespen. Anders als Wespen sind Bienen Vegetarier und haben kein Interesse an Lebensmitteln des Menschen (außer Sie haben einen offenen Honigtopf auf dem Tisch). Es sind die Wespen, nicht die Bienen, die einem im Sommer das Essen draußen vermiesen können.

Daher ist es wenig überraschend, dass wir Menschen böse auf diese aufdringlichen und aggressiven Wespen reagieren, die sich unserem Picknick und Grillvergnügen anschließen. Wir fürchten ihren Stachel und fragen uns, welche nützliche Funktion er wohl hat. Wespen sind in der Tat außerordentlich wichtige Insekten, deren Rolle in der Natur von Wissenschaftlern zunehmend besser verstanden und geschätzt wird.

Es gibt über 100.000 verschiedene Wespenarten (von denen uns wenige lästig sind). Wie Bienen sind manche soziale Wespen und leben in großen Staaten, aber bei der Mehrheit handelt es sich um Solitärwespen. Sie sind nützliche Bestäuber, aber da sie fleischfressend sind, tragen sie insbesondere dazu bei, die Zahl potenzieller sich verbreitender Schäd-

Honigbiene

Wespe

linge wie Raupen einzudämmen. Ohne fleischfressende Wespen wären viele wertvolle Pflanzen mampfenden Schädlingen ausgesetzt. Dem Natural History Museum in London zufolge gibt es allein im Vereinigten Königreich über 7.000 unterschiedliche Wespenarten, die Schätzungen zufolge zusammen über 14 Millionen Kilo erbeutete Insekten pro Jahr fressen.

Hornissen sind die größten sozialen Wespen, von denen es weltweit etwa 20 Arten gibt. Oft sind sie extrem aggressiv und ihre Stiche sind giftiger als die anderer Wespen und Bienen. Sie sind für die Eindämmung wilder Schädlinge auch unverzichtbar, haben sich aber in manchen Gegenden zu problematischen Invasoren entwickelt.
Die Mehrzahl der Hornissen stammt aus Asien, aber die heimische Europäische Hornisse hat auch Wege gefunden, in Nordamerika heimisch zu werden. Auch Asiatische Hornissen, die weit aggressiver sind, haben sich nach Europa verirrt, und ihr Verbreitungsgebiet dehnt sich sowohl im ländlichen als auch städtischen Raum trotz Kontrollen aus.
Sie sind signifikante Feinde der Honigbienen, weshalb ihre Anwesenheit Imkern große Sorgen bereitet. Ganze Bienenstöcke können von Asiatischen Hornissen vernichtet werden, die sich zuerst die Bienen am Flügel greifen und dann das geschwächte Bienenvolk innerhalb weniger Stunden vernichten. Nordamerika hat ähnliche Probleme mit der eingewanderten Asiatischen Riesenhornisse. Diese als „Mörder-Hornisse" bezeichnete Hornisse ist ein riesiges Insekt mit einem etwa 4,5 cm langen Körper und einer Flügelspannbreite von 7,5 cm sowie einem besonders wirksamen Gift. Man sollte sie daher unbedingt meiden.

SCHWEBFLIEGEN

Auch das Beobachten von Bienen-Imitatoren kann viel Spaß machen. Auf den ersten Blick imitieren viele Fliegen Bienen ziemlich gut, aber sie verraten sich durch ihre extrem großen Fliegenaugen, die die Oberseite ihres Kopfes fast ganz bedecken, sowie das Fehlen einer ultraschlanken „Wespentaille", wie sie alle Bienen und Wespen haben. Bei näherer Betrachtung kann man auch erkennen, dass Schwebfliegen ein Flügelpaar haben, Bienen jedoch zwei.
Die meisten Bienen imitierende Fliegen sind Schwebfliegen (die buchstäblich schweben, wie Mini-Hubschrauber). Sie beißen oder stechen nicht und sind nützlich im Garten. Wie Bienen ernähren sie sich von Pollen und Nektar und gelten als wichtige Bestäuberinsekten. Aber anders als Bienen fressen ihre Larven Insekten wie Blattläuse, Thripse, Schildläuse und Raupen und halten somit Schädlinge im Zaum. Die über 6.000 Arten von Schwebfliegen (über 250 im Vereinigten Königreich und fast 900 in den USA) sind beste Beispiele für die Bates'sche Mimikry. Manche können Hummeln imitieren andere, die „Drohnenfliegen", geben sich als männliche Honigbienen aus.

WOLLSCHWEBER

Andere Vertreter der Bates'schen Mimikry, die Wollschweber, haben einen birnenförmigen Körper (oft mit hummelartigem Flaum) und einen langen, stachelartigen festen Rüssel und im Gegensatz zu Bienen lange, spindeldürre Beine.

Man kennt etwa 5.000 Schwebfliegenarten weltweit. Auch sie sammeln Pollen und Nektar und sind hervorragende Bestäuber, weil sie von Blume zu Blume springen. Ihre Larven ernähren sich von Eiern und Larven anderer Insekten, und um sich guter Nahrungsmittelquellen zu versichern, legen einige Arten von Wollschwebern ihre Eier in den Bau von Käfern, Wespen, Solitärbienen und anderen Bewohnern. Manche Arten sind an eine bestimmte Wirtsart gebunden, andere sind weniger wählerisch.

Viele Solitärbienen werden von Trickbetrügern angegriffen, die sich der Mimikry und der Tarnung bedienen. Der Große Wollschweber etwa schleicht sich an die Nisthöhlen von Sandbienen heran und beschwert ihre Eier geschickt mit Erde, bevor sie ins Nest gesteckt werden. Sobald

Schwebfliege

Wollschweber

die Eier der Kuckucksarten geschlüpft sind, machen sie sich auf den Weg in die Nistkammern, um ihre Entwicklung abzuschließen, indem sie sich von den Körperflüssigkeiten der sich entwickelnden Larven der Wirtsbienen ernähren.

BIENE ODER FLIEGE?

Ein paar optische Hinweise

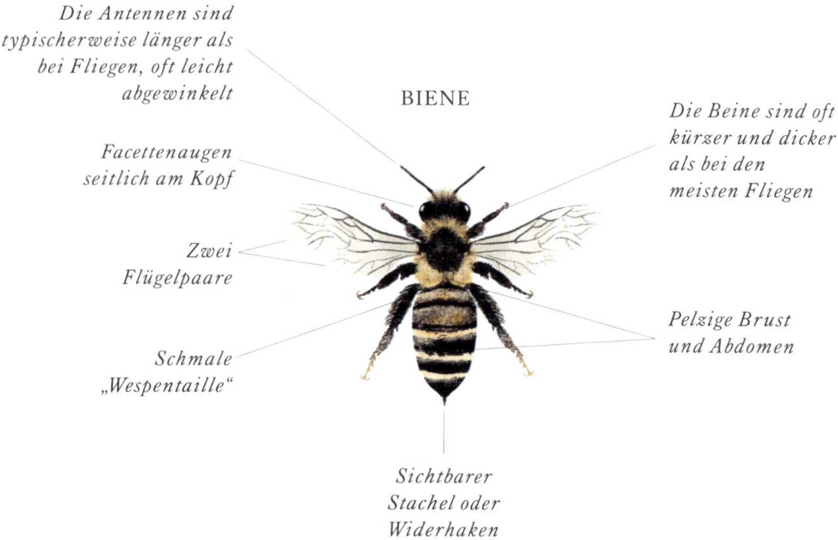

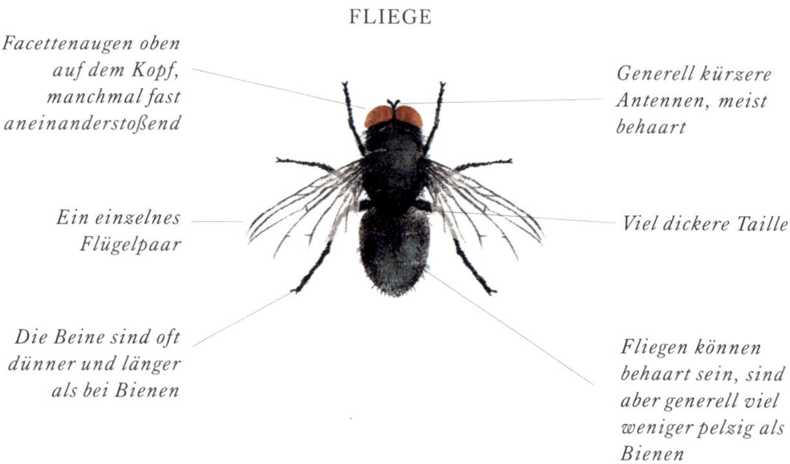

KAPITEL 3

BESTÄUBUNG, BESTÄUBER UND PROBLEME

BESTÄUBUNG, BESTÄUBER UND PROBLEME

Was versteht man unter Bestäubung und warum ist sie so lebenswichtig? Experten tauschen sich fröhlich über „Bestäuber" aus, als ob jeder ein umfassendes Verständnis davon hätte. Ich zumindest habe mich seit meiner Schulzeit nicht mehr mit Details dazu beschäftigt und wette, dass viele Menschen niemals die Gelegenheit hatten, sich in das Thema zu vertiefen. Daher gibt es hier einen kurzen Überblick.

Bestäubung beschreibt, ganz vereinfacht gesagt, wie Blühpflanzen sich vermehren. Die Fähigkeit von Pflanzen, sich erfolgreich zu vermehren, ist einer der Grundpfeiler der Natur. Ohne Pflanzenreproduktion wäre das Leben auf der Erde zu Ende. Pflanzen formen und erhalten diesen Planeten, ernähren seine Bewohner, nehmen Kohlendioxid auf und geben den Sauerstoff ab, den wir einatmen.
Bestäuber sind Tiere, die unbeabsichtigt Pollen zwischen den Pflanzen hin- und hertransportieren und so zur Bestäubung beitragen. Die bekanntesten davon sind Insekten – von Bienen, Käfern und Faltern bis zu Wespen und Fliegen –, aber auch Vögel, Fledermäuse und viele kleine Säugetiere sind Bestäuber. Weltweit hängen über 90 Prozent der Wildpflanzen und 75 Prozent der gewöhnlichen Ernte von der Bestäubung durch Insekten und andere Tiere ab.

DER VORGANG DER BESTÄUBUNG

Für gewöhnlich werden Pollenkörner, die von dem männlichen Teil der Blüte (dem Staubblatt (Stamen), der mit seinen Staubbeuteln (Antheren) auf dünnen Staubfäden (Filament) sitzt) produziert werden, von Bestäubern oder auf andere Weise auf den weiblichen Stempel (der aus Narbe (Stigma), Griffel (Stylus) und Fruchtknoten (Ovarium) besteht) übertragen. Der Pollen, der an der Narbe klebt, enthält männliche Samenzellen oder Gameten (Sperma).

Er wächst in einem Schlauch entlang des weiblichen Griffels bis zum Fruchtknoten an dessen Basis, der die weiblichen Gameten (Eizellen) enthält. Über diesen Pollenschlauch befruchten die männlichen Samenzellen die Eizellen, die zu Samen werden, welche sich in einer Frucht

oder einer anderen vom Fruchtknoten gebildeten Hülle befinden. Dann wachsen die Samen und bringen die nächste Pflanzengeneration hervor.

Pflanzen, die Blüten gebildet haben und auf diese Weise eingeschlossene Samen produzieren, nennt man Bedecktsamer (Angiosperme). Das Gegenteil sind die nicht blühenden Nacktsamer (Gymnosperme), die primitiver sind und meist durch Windbestäubung vermehrt werden,

Querschnitt einer stilisierten Pflanze mit männlichen und weiblichen Teilen

zum Beispiel Koniferen. Samen von Nacktsamern, wie Kiefernzapfen, werden „nackt" genannt, weil sie keine Hülle haben, wie zum Beispiel eine Nuss oder Beere.

Bedecktsamer machen etwa 80 Prozent aller bekannter lebender Pflanzenarten auf der Erde aus, die Mehrzahl von ihnen muss durch Tiere bestäubt werden.

ASPEKTE DER BESTÄUBUNG

Manche Pflanzen, wie zum Beispiel Stechpalmen und Weiden, haben getrennte weibliche und männliche Pflanzen. Sie müssen natürlich dicht beieinanderstehen, damit eine Befruchtung stattfinden kann. Dabei wird der Pollen von einer zur anderen Pflanze gebracht, was man Fremdbestäubung nennt.

Aber die meisten Pflanzen sind bisexuell und jede Blüte hat sowohl männliche als auch weibliche Teile, sodass sie sich selbst bestäuben können. Andere Arten, zum Beispiel Zucchini, bilden auf derselben Pflanze getrennte männliche und weibliche Blüten aus.

Allerdings bevorzugen Pflanzen, die sich selbst bestäuben können, oft die Fremdbestäubung. In der Tat geben sich viele Pflanzen große Mühe, eine Selbstbestäubung zu vermeiden. Bei manchen blühen die männlichen und weiblichen Blüten zu unterschiedlichen Zeiten, andere bilden chemische Barrieren für die Selbstbefruchtung aus. All dies soll die Wahrscheinlichkeit einer natürlichen Fremdbestäubung erhöhen, die die Vielfalt fördert und im Allgemeinen gesündere Nachkommen hervorbringt.

Pflanzenzüchter, die an einer „Verbesserung“ von Pflanzen arbeiten, kreuzen selektiv, um spezielle Hybriden mit bestimmten Eigenschaften zu erhalten. Als Ergebnis der selektiven Pflanzenzucht durch Menschen findet man oft in Gärten viele Blühpflanzen, die so weit von ihrer natürlichen Form entfernt sind, dass sie für Bestäuber keinen Nutzen mehr haben, da sie ihren Duft, ihre nektarproduzierenden Drüsen und Pollen verloren haben. Häufig sind sie auch unfruchtbar und produzieren keine Samen, was bedeutet, dass sie mit Techniken wie Gewebekulturen künstlich vermehrt werden müssen.

WIE FUNKTIONIERT FREMDBESTÄUBUNG?

Pollen kann durch Wind und Wasser oder durch Tiere von einer Pflanze zur anderen gebracht werden. Den größten Teil übernehmen Tiere, entweder durch Zufall oder weil die Pflanze den Besuchern reiche Belohnung anbietet.

Im Laufe der Evolution haben Pflanzen Köder ausgebildet, zum Beispiel Blüten mit Farbe, Duft und zuckerhaltigem Nektar, die tierische Bestäuber, insbesondere Insekten, anlocken sollen. Manche Insekten haben auch gelernt, Pollen zu fressen, ein anderer Anreiz, Blühpflanzen aufzusuchen. Die Insekten streifen an die mit Pollen bedeckten Staubbeutel, wenn sie ihre Belohnung abholen, tragen die Körner zu anderen Blüten und befruchten die Pflanzen. Die Chancen auf eine Übereinstimmung der Pollen werden durch einige Insektenarten (darunter Honigbienen und einige Hummeln), die jeweils nur eine Pflanzenart aufsuchen, erheblich erhöht – eine Gewohnheit, die man Blütentreue nennt. Viele Pflanzen haben sich so entwickelt, dass sie die Bestäuber anziehen, die sie am meisten brauchen. Eine solch exklusive Beziehung steigert die Chancen für eine nächste Generation der Pflanze zusätzlich. Die Kenntnis darüber hilft uns auch bei der Entscheidung, was wir pflanzen sollten, um bestimmte Insektenarten zu unterstützen (siehe Seite 162–185).

WARUM SIND BIENEN SO GROSSARTIGE BESTÄUBER?

Bienen sind in all ihrer unglaublichen Vielfalt die Superbestäuber der Natur, perfekt darauf ausgerichtet, als Teil eines beeindruckenden Systems gegenseitiger Abhängigkeit Pollen von Pflanze zu Pflanze zu übertragen. Sie besuchen Blumen, um proteinreichen Pollen als Futter für ihre Brut oder zuckerhaltigen Nektar als Nahrung sowohl für adulte Bienen als auch für die Brut zu sammeln. Dabei kleben Pollenkörner an ihrem pelzigen Körper und werden zu anderen Blumen gebracht.

Unter den zahlreichen Bienenarten gibt es Generalisten wie Spezialisten: solche, die wie Honigbienen durch die Vielfalt von Blütenquellen gedeihen, und andere, deren gesamter Lebenszyklus sich auf eine bestimmte Pflanze konzentriert. Blütentreue Bienen erhöhen die Chance, dass der richtige Pollen an den richtigen Ort gelangt.

Die Bienenarten sind zu unterschiedlichen Jahreszeiten aktiv und bestäuben somit eine größere Vielfalt an Pflanzen als viele andere Bestäuber, außerdem verfügen sie über eine Reihe spezieller Strategien zur Pollenfreilegung. Honigbienen bestäuben zum Beispiel keine Tomaten, weil deren Pollen so klebrig ist, dass sie ihn nicht lösen können. Aber Hummeln und ein paar andere Bienenarten, einschließlich Holzbienen, können deren Pollen lösen, indem sie ein kurzes, schwingendes Summen von sich geben. Dies nennt man „Vibrationsbestäubung“.

Einige Bienenarten, einschließlich Honigbienen und Hummeln, haben Pollenhöschen (Corbiculae) – feste Haare um eine Vertiefung an den Hinterbeinen. Die Bienen nutzen sie wie Einkaufskörbe und packen sie mit Pollenkörnern voll, die durch Nektar zusammenkleben. Diese weichen Bündel kann man an ihren Beinen erkennen. Wenn sie einfarbig sind, wie es immer bei Honigbienen und manchen Hummeln ist (weil sie nur bei einer einzigen Pflanzenart sammeln), können Sie erahnen, an welcher Blüte sie gearbeitet haben, denn die Pflanzen haben charakteristische Pollenfarben. Der Pollen der Gemeinen Rosskastanie ist etwa kräftig Rot, während der Himbeerpollen Hellgrau ist. Andere sind fast weiß (Wegwarte) oder nahezu schwarz (Mohn), dazwischen gibt es die ganze Palette an Grün-, Gelb- und Orangetönen.

Die meisten Wildbienenarten haben diese Körbchen nicht. Einige haben einen innenliegenden Honigmagen, aber die meisten haben Scopae, dichte Haarbüschel auf Beinen oder Körper. Diese verankern den Pollen weit weniger fest, und er bleibt flauschig und körnig. Bestäubungsexperten finden, dass das besser für die Bestäubung ist, weil die losen Körner so leicht auf der nächsten Blüte fallen gelassen oder abgerieben werden können. Aber die Bienen mit Pollenhöschen haben pelzige Körper, die ebenfalls viel losen Pollen aufnehmen und fallen lassen.

WAS LÄUFT FÜR DIE BESTÄUBER SCHLECHT?

Trotz vieler Kampagnen und Petitionen ist das Verschwinden von Bestäubern ein extrem komplexes, globales Problem, dessen Ursachen in der industrialisierten Landwirtschaft, Urbanisierung und Verrücktheit der Menschen liegt. Studie um Studie zeigt, dass die Insektenbestände stark zurückgehen, in bestimmten Gegenden allein in wenigen Jahrzehnten sogar um 80 Prozent.

'Wenn die gesamte Menschheit verschwinden würde, würde sich die Welt wieder so erholen, wie sie vor zehntausend Jahren war. Wenn Insekten verschwinden, würde die Umwelt ins Chaos verfallen.'

E.O. WILSON, AMERIKANISCHER BIOLOGE UND NATURFORSCHER

Menschliches Leben ist gänzlich von Insekten abhängig. Sie sind lebenswichtig, um Abfall zu zerkleinern, potenzielle invasive Schädlinge in Schach zu halten, gutes Futter für fleischfressende Arten zur Verfügung zu stellen und die Pflanzen zu bestäuben, von denen wir uns ernähren und die uns den Sauerstoff zum Atmen geben. Der Verlust von Insekten trifft das Ökosystem unseres Planeten mitten ins Herz.

Nach etwa 480 Millionen Jahren auf der Erde können Insekten plötzlich nicht mehr mit dem Tempo des Wandels mithalten, der zum größten Teil vom Menschen verursacht wird. Der Druck ist vielfältig, aber ganz zentral ist die ständig wachsende Zahl an Menschen und unsere zunehmende Loslösung von der Natur.

In der sehr kurzen Zeit (sagen wir mal, in 250 Jahren) seit Einzug der Industrialisierung hat sich unsere Beziehung zur Natur komplett verändert, von einer, die von Respekt und Verständnis geprägt war, bis zur blinden und willfährigen Ausbeutung.

Mehr Menschen als jemals zuvor leben in einer rein urbanen Umgebung, abgeschnitten von der Lebenswirklichkeit der Natur und von Millionen von Organismen, die unser Leben und unsere Nahrungsketten unterstützen. Lebenswichtige Insekten werden entweder als schmutzig und gruselig dämonisiert oder, wie bei Bienen und Schmetterlingen, als kuschelig romantisiert.

Umweltforscher und viele andere Experten weisen darauf hin, dass biologisch/traditionell bewirtschaftetes Land zu höherer Bodenfruchtbarkeit, widerstandsfähigeren Pflanzen und größeren, nährstoffreicheren Ernten führt. Aber die massenhafte Lebensmittelproduktion ist inzwischen von hochmechanisierten, chemisch unterstützten Landwirtschaftssystemen abhängig, die den Boden auslaugen und geschwächte, von Schädlingen und Krankheiten befallene Pflanzen hervorbringen. Um dem entgegenzuwirken, werden in der weltweiten Landwirtschaft routinemäßig enorme Mengen nachweislich giftiger und anderer höchst verdächtiger Chemikalien eingesetzt, von Düngemitteln und Fungiziden bis hin zu Herbiziden und verschiedenen Pestiziden. Saatgut, das die Bauern kaufen, wird oft mit Insektiziden vorbehandelt (was auch für viele unserer Gartenpflanzen und -samen gilt, außer wenn sie biologisch erzeugt wurden).

Agrochemikalien haben auch direkte Auswirkungen auf Bestäuber, indem sie sie gleich abtöten, oder indirekte, indem sie den Boden und den Grundwasserspiegel verschmutzen, von dem sich die Pflanzen ernähren, und das Immunsystem und die Arbeitsfähigkeit der aufsuchenden Insekten beeinträchtigen. Es wurde nachgewiesen, dass Bienen, die sogenannten „nicht schlimmen“ Stufen von Umweltverschmutzung ausgesetzt sind, ihren Richtungssinn und ihre Fähigkeit, Nahrung zu suchen, verlieren, was ihre Überlebensfähigkeit einschränkt.

Der zweite wichtige Faktor bei dem Verlust von Bestäuberinsekten ist das Fehlen von Habitaten und Futter. Kein Unterschlupf, nichts zu fressen. Für einen optimalen finanziellen Ertrag benötigt die Landwirtschaft extrem große offene Flächen, die sich leicht mit großen Maschinen bearbeiten lassen. Einzelne Pflanzenarten bedecken dann viele Kilometer und ersetzen die traditionellen kleinen Felder, die durch Hecken oder Steinmauern abgetrennt werden, die ihrerseits die Natur unterstützen. Sie ermöglichen eine vielfältige Produktion von Pflanzen, die in der Fruchtfolge angebaut werden, um die Bodengesundheit zu fördern und wild lebende Organismen zu unterstützen. Im Namen des Fortschritts haben viele Länder die Landnutzung radikal geändert, was zu signifikanter Abholzung, Bodenerosion und zum Abbau von speziellen Habitaten und Futterböden führte.

So wurden im Vereinigten Königreich nach dem 2. Weltkrieg routinemäßig Hecken, Gehölze und alte Wälder sowie blumenreiches Weideland entfernt, auf das Insekten ebenso wie Vögel, kleine Säugetiere und zahllose andere Lebensformen, von Flechten bis zu Pilzen, angewiesen sind.

Auch wilde oder domestizierte Weidetiere, die mit Gespür gehalten werden, sind überlebenswichtig für die Natur, denn sie zertreten Weiden und grasen darauf, sodass kleinere Pflanzenarten blühen, und sie düngen den Boden mit ihrem Dung (wobei zu viel davon ebenfalls schädlich ist).

Studien zeigen, dass 97 Prozent der Flachlandwiesen in England und Wales zwischen den 1930er-Jahren und 1984 verloren gegangen sind und 80 Prozent der britischen Flachlandheiden seit 1800 zerstört wurden. Währenddessen ging die Zahl der traditionell bewirtschafteten

Wälder zwischen 1900 und 1970 um 90 Prozent zurück, und in der Mitte des 19. Jahrhunderts wurden jährlich 1.000 Quadratkilometer Feuchtgebiete trockengelegt.

Wilde Hummeln und Solitärbienen sind noch anfälliger für die negativen Auswirkungen der modernen Landwirtschaft als Honigbienen. Es gibt davon viel weniger, sie sind generell weniger anpassungsfähig in Bezug auf ihr Futter und fliegen nicht so weit, weshalb sie näher an ihren Futterquellen leben müssen. Sie stehen auch nicht in dem Maße im Blickpunkt des öffentlichen Interesses und der Forschung wie die Honigbiene, ein Motor der Wirtschaft.
Die zunehmende globale Urbanisierung hat auch zu einem signifikanten Verlust an Biodiversität beigetragen. Manche Länder untersuchen diesen Prozess näher und versuchen, durch „grünes" Planen die Natur wieder in die Städte zu holen. Es gibt zwar ein paar Erfolgsgeschichten, aber viel zu viele „grüne Agenden" von Regierungen und Firmen sind offenkundig Greenwashing oder kommen zumindest ein wenig zu spät.

Immensen Einfluss auf die Bestäuber hat auch der Klimawandel. Für manche Insektenarten, etwa Moskitos, stellt die globale Erwärmung eine prima Möglichkeit dar, ihr Territorium auszuweiten. Für andere Arten ist das ein Desaster. Nach Millionen von Jahren der gleichzeitigen Evolution von Bestäubern und Pflanzen sind ihre Lebenszyklen stark miteinander verflochten. Viele Bienenarten tauchen genau zu der Zeit im Jahr auf, wenn ihre primäre Futterquelle zu blühen beginnt, und beider Leben sollte in eleganter Synchronizität fortschreiten.

Aber wenn der Klimawandel das Timing der Bienen oder Pflanzen verändert, gibt es keinen Weg zurück von dieser ökologischen Diskrepanz – ein Phänomen, das nicht nur Insekten betrifft, sondern auch Vögel und viele andere Lebensformen. Die Folge sind unbestäubte Pflanzen und geringere Ernteerträge.

Der weltweite Handel über die Luft und Meere mit Gemüse und Obst, Saatgut, Pflanzen, Tieren und Bienen stellt ein anderes Problem dar, weil dabei Schädlinge und Krankheiten freie Fahrt in Gebiete haben, wo neue Wirte wenig oder keine Immunität besitzen.

Aber bitte verzweifeln Sie nicht. Als Einzelne haben wir die Macht, eine Veränderung zu bewirken, indem wir Pflanzen anbauen, oder ehrenamtliche und kommunale Garteninitiativen unterstützen. Millionen kleiner Aktionen summieren sich zu etwas Großem und Bedeutungsvollem, indem ein Mosaik von Bäumen, Hecken, blumenreichen Flecken und grünen Korridoren entsteht, in denen nützliche Insekten und viele voneinander abhängige Arten einen sicheren Ort finden und gedeihen können.

Millionen ganz kleiner Aktionen können sich zu etwas Großem und Bedeutungsvollem summieren

KAPITEL 4

25 WILDBIENENARTEN

25 WILDBIENENARTEN

Willkommen in der außergewöhnlichen Welt der Bienen. Jede einzelne Art verdient eigentlich eine lebenslange Beobachtung, aber ich hoffe, dass auch die kurzen Porträts hier Sie neugierig auf diese erstaunlichen Insekten machen. Ich habe diese 25 Bienenarten ausgesucht, um einen guten Querschnitt über die Arten zu geben.

Die einzelnen Porträts ähneln sich zum Teil auf verblüffende Weise, zeigen aber auch deutliche Unterschiede auf.

Um Wiederholungen zu vermeiden, habe ich versucht, auf Gemeinsamkeiten hinzuweisen und gleichzeitig die einzigartigen Elemente des Lebenszyklus der einzelnen Arten oder die Faktoren, die ihre Familie ausmachen, genauer zu betrachten. Auch die Zeichnungen rücken die wundervolle Vielfalt der Bienenarten in den Blick, sie sollen keine Naturführer sein.

EINE FRAGE DER ZUNGEN

Sie werden sehen, dass lange und kurze Zungen erwähnt werden. Biologisch gesehen ist das ein wichtiges Unterscheidungsmerkmal. Die meisten Solitärbienen haben, ebenso wie Honigbienen und viele Hummeln, relativ kurze Zungen und sind weitestgehend auf offene Blüten oder solche mit kurzem Pollenschlauch angewiesen. Langzungige Bienen können viel tiefere Pollenschläuche und kompliziertere Blütenformen erreichen. Ein paar Solitärbienen und recht viele Hummeln profitieren von ihren extralangen Zungen.

LEBENSZYKLUS

Die von mir genannten Monate beziehen sich auf die nördliche gemäßigte Zone, in der die hier vorgestellten Bienen am stärksten vertreten sind. Aber auch innerhalb dieser Zone kann ein Lebenszyklus je nach regionalem Klima variieren.

GROSSE WOLLBIENE

Über die Große Wollbiene gibt es fulminante und wilde Geschichten über das Sammeln von Flaum, mehrfache Paarungen und athletische Männchen, die ihr perfektes Blumenbeet abstecken und gegen alle Eindringlinge verteidigen.

Sie sind an ihrem schwarzen Körper und den gelben Punkten darauf, die manchmal seitlich vom Hinterleib fast Streifen bilden, leicht zu erkennen, können auf den ersten Blick aber wie Wespen aussehen. Die Männchen (ungewöhnlicherweise größer als die Weibchen) haben am Ende des Hinterleibs auch spitze Dornen, die sie als Waffe einsetzen.

♂ Männchen

UNGEFÄHRE GRÖSSE:
Weibchen 11–13 mm
Männchen 14–17 mm

WISSENSCHAFTLICHER NAME:
Anthidium manicatum
FAMILIE: *Megachilidae*

WO UND WANN ZU SEHEN

Im Vereinigten Königreich ist ihre Dichte im Süden besonders groß, sie sind auf dem europäischen Kontinent, in Asien und Nordafrika weit verbreitet und kommen auch in Neuseeland sowie in Nord- und Südamerika vor. Sie gelten als die am meisten verbreitete aller nicht gezüchteten Bienenarten, ihr Erfolg basiert auf ihrer Anpassungsfähigkeit bei der Nahrungssuche und beim Nisten. Daher sind sie eine wichtige wild lebende Bestäuberart, haben aber auch das Potenzial eines invasiven Schädlings.

Im späten Frühling und im Sommer sieht man sie oft in sonnigen Gärten sowie auf Feldern, Wiesen, Brachflächen, Waldwegen und -lichtungen sowie Heidelandschaften. Halten Sie auch an Flussufern, Feuchtgebieten und Kiesstränden Ausschau nach ihnen.

HABITAT UND LEBENSZYKLUS

Das Sexualleben der Großen Wollbienen ist intensiv. Kräftige Männchen beanspruchen ein Blumenbeet für sich, um sich dort auf die Weibchen zu stürzen und sich mit ihnen zu paaren. Sie verteidigen ihr Revier aggressiv gegen andere Männchen und Futterkonkurrenten und setzen dafür auch ihre scharfen Bauchstacheln ein, um sie zu zerquetschen und zu töten.

Weibchen paaren sich oft mit verschiedenen Männchen, und das nur in Sekunden.

Nach der Paarung bauen sie ihr Nest in einem kleinen Hohlraum, etwa in Totholz, hohlen Stängeln oder auch in Mauern. Sie legen es mit faserigen Haaren aus, die sie mit ihren Beißwerkzeugen von Blättern und Stängeln von Wollpflanzen abgekratzt haben, etwa von Ziest. Man kann die Weibchen mit Wollbündeln im Maul fliegen sehen (danach haben sie auch ihren Namen).

Zurück im Nest pressen sie das Wollmaterial in einzelne Zellen, in die sie jeweils ein Ei und ein Nahrungspäckchen für die schlüpfende Larve legen. Jedes Päckchen enthält Nektar aus einer großen Vielfalt von Blüten und Pollen, der mit den klebrigen Härchen auf der Unterseite des Abdomens gesammelt wurde. Sie legen mehrere Zellen in jedem Nest an und versiegeln es mit einem letzten Faserpfropfen, wenn es voll ist. Dann verlassen sie den Nistplatz endgültig. Die Jungen schlüpfen im folgenden Frühling; zuerst die Männchen, die sich dann ihre Blumenbeete aussuchen, dann kurz danach die Weibchen.

DIESE BIENE UNTERSTÜTZEN

Wollpflanzen wie Ziest und Kronen-Lichtnelken sind für diese Bienen essenziell, sowohl als Futter als auch als Nistmaterial.

Weitere Futterpflanzen: Schwarznessel, Echte Betonie, Taubnessel, Pippau, Pelargonien, die Kleinblütige Königskerze, Braunwurzen, Minze, Purpur-Leinkraut, Kleine Braunelle und die Gemeine Schafgarbe. Ebenso mehrere Mitglieder der Familie der Lamiaceae (Minze). Große Wollbienen sieht man auch an Leguminosen-Pflanzen wie der Futterwicke und dem Gewöhnlichen Hornklee.

Habitat: Offener, lockerer Boden, gut gemähte Grasflächen, hohle Stängel (siehe Seite 158) sowie kleine Löcher in Gemäuern oder Gehölz. Pflanzen Sie Futterquellen nahe an potenziellen Nistplätzen.

ROTE MAUERBIENE

Bei einer Bienen-Expedition nach Frankreich waren wir in Château de la Treyne, einem ehrwürdigen Hotel in der Dordogne, das in jenem Frühling plötzlich auch zu einem Bienenhotel geworden war. Massen von Roten Mauerbienen schwärmten an der alten Steinfassade des Hotels ein und aus und wir beobachteten sie fasziniert.

Dies sind die größten unter den Mauerbienenarten und aufgrund ihres dichten rotbraunen Haares leicht zu erkennen. Die Männchen sind kleiner und schlanker als die Weibchen mit ihren langen Antennen und einem kleinen weißen pelzigen Fleck auf dem Gesicht. Der lateinische Name bicornis (zwei Hörner) bezieht sich auf zwei kleine Hörner auf dem Gesicht des Weibchens, mit denen es Schlamm bearbeiten kann.

♀ *Weibchen*

UNGEFÄHRE GRÖSSE:
Weibchen 8–10 mm
Männchen 6–8 mm

WISSENSCHAFTLICHER NAME:
Osmia bicornis (vormals Osmia rufa)
FAMILIE: *Megachilidae*

WO UND WANN ZU SEHEN

Rote Mauerbienen sind in Großbritannien weit verbreitet und kommen auch in Südengland sowie in Schottland, Wales und Irland vor. Man sieht sie ebenfalls auf dem europäischen Kontinent, auch im hohen Norden in Schweden und Norwegen. Zudem findet man sie in abgelegeneren Regionen in Nordafrika, Georgien, in der Türkei und in Iran. Einer ihrer engeren Verwandten, die Stahlblaue Mauerbiene *(Osmia caerlescens)* ist sogar noch weiter verbreitet, bis in den Nahen Osten, nach Indien und sogar in die USA. (Im Vereinigten Königreich gibt es elf unterschiedliche Arten Mauerbienen, in Nordamerika 139.)

Rote Mauerbienen nisten gerne in der bebauten Umwelt und sind gut an kultivierte Gartenblumen gewöhnt, aber man sieht sie auch in wilden Heide-, Moor- und Graslandschaften.

Halten Sie im Frühling und Sommer nach ihnen Ausschau. Sie entwickeln sich im Winter und überwintern dann, bis sie im März schlüpfen. Zuerst schlüpfen die Männchen, die vorne im Nest liegen und Zeit haben, durch Nahrungszunahme zu gedeihen und dabei auf die später schlüpfenden Weibchen zu warten.

Unter Bienenexperten wird eine hitzige Debatte geführt, welche Bestäuber unter den Bienen die effektivsten sind, dabei hat die Rote Mauerbiene eine große Fangemeinschaft, die mit Fakten aufwartet, um ihre Überlegenheit gegenüber Honigbienen und Hummeln zu beweisen. Wie auch immer, es bleibt jedoch festzuhalten, dass die Mauerbienen zu den größten Bestäubern in der Natur zählen.

HABITAT UND LEBENSZYKLUS

Für die Männchen der Roten Mauerbiene ist Geschwindigkeit alles. In Erwartung der Weibchen patrouillieren sie rund um das Nest und vertreiben andere erwartungsvolle Männchen, indem sie sie im Sturzflug angreifen. Wenn die Weibchen das Nest verlassen, stürzen sich die Männchen auf ihren Rücken und beginnen mit der Balz, manchmal sogar schon, wenn sie sich noch im Eingang befinden. Die Weibchen können es auch abweisen, wenn sie ein Männchen weniger attraktiv finden und sich mit einem anderen Bewerber paaren wollen, der unter anderem einen intensiveren männlichen Geruch verströmt.
Die Männchen sterben, wenn ihre Arbeit getan ist. Nach der Paarung suchen die Weibchen sofort bereits existierende Löcher, die als Nistplatz dienen können. Das können Hohlräume in Gemäuern oder Löcher in sandigen Felswänden, das Innere von Pflanzenstängeln und andere kleine Lücken sein. Man hat auch schon gesehen, dass sie Nester in Schneckenhäusern und anderen ungewöhnlichen Stellen, wie Schlüssellöchern, anlegen. Zwar nisten Rote Mauerbienen in Gruppen dicht beieinander, aber jedes Weibchen arbeitet für sich allein.
Es beginnt, sein Nest zu bauen, indem es zuerst den Rand mit Schlamm verschließt. Schlamm ist lebenswichtig für diese Bienen, die Weibchen „bauen ihn ab" und transportieren ihn mit ihren Hörnern und festen Mundwerkzeugen. In jede mit Schlamm versiegelte Zelle wird ein einziges Ei gelegt, die weiblichen Eier kommen nach hinten und die männlichen, die zuerst schlüpfen, weiter nach vorne. Diese Biene arbeitet hart, sucht viele verschiedene Blüten auf und stattet jede mit eigenem Vorrat an Pollen und Nektar aus, um den Bewohner zu versorgen, wenn aus dem Ei eine hungrige Larve schlüpft. Später verpuppt sich die Larve und überwintert in ihrem Kokon.
Die Weibchen der Roten Mauerbiene legen zwischen vier und zehn Eier in

ein Nest und können vier oder fünf Nester bauen. Wenn es ein Nest mit einem letzten Schlammpfropfen verschlossen hat, kehrt es nicht mehr zurück und stirbt am Ende der Saison. Im nächsten Frühling kommen dann ihre Jungen hervor.

DIESE BIENE UNTERSTÜTZEN

Bei den Roten Mauerbienen handelt es sich um langzungige polylektische Bienen, die Pollen und/oder Nektar von vielen Wild- und Kulturpflanzen sammeln. Weil sie ungefähr im März schlüpfen, schätzen sie frühe Blühpflanzen. Sie werden kommerziell gezüchtet, leben aber auch in freier Wildbahn und sind besonders als Bestäuber von Obstpflanzen und Raps bekannt.

Bäume und Büsche: Weide, Apfel, Birne, Pflaume, Kirsche.

Kleinere Pflanzen: Borretsch, Krokus, Geranien, Gänseblümchen, Löwenzahn, Nieswurz, Lavendel und Küchenkräuter, ebenso Primeln, mehrjährige Mauerblümchen, Erdbeeren.

Habitat: Stellen Sie hohle Pflanzenstängel als Nistplätze zur Verfügung (siehe Seite 158), Weibchen mögen auch etwas Schlamm, um damit Nester zu bauen. Diese Art ist der bekannteste Kandidat für ein gut geführtes Bienenhotel (siehe Seite 126).

Löwenzahn

Kapuzinerkresse

Fingerhut

Blühender Efeu

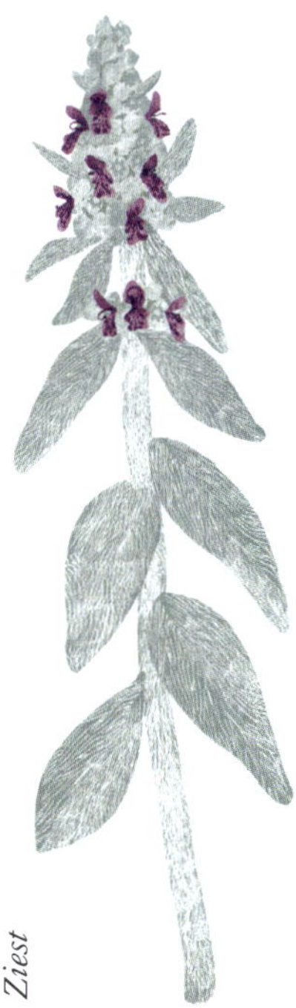

Ziest

Blut-Johannisbeere

EFEU-SEIDENBIENE

Im Herbst kann man die Efeu-Seidenbiene sichten, die erst vor Kurzem als eigene Spezies identifiziert wurde und vor nicht langer Zeit von Kontinentaleuropa nach Großbritannien gekommen ist. Man sagt, dass sie vom Klimawandel profitiert, und hat sie erstmals 2001 in Dorset entdeckt. Wenn sie auch technisch gesehen als invasive Art gilt, so wird sie doch nicht als Schädling betrachtet.

Auf den ersten Blick sieht die Efeu-Seidenbiene wie die Arbeiterin der Honigbiene aus, ist aber etwas größer und hat klarer konturierte Streifen auf dem Hinterteil und eine rotbraune Brust. Da man sie oft neben Honigbienen auf Pflanzen sieht, kann man den Unterschied gut erkennen.

♀ *Weibchen*

UNGEFÄHRE GRÖSSE:
Weibchen 13 mm
Männchen 10 mm

WISSENSCHAFTLICHER NAME:
Colletes hederae
FAMILIE: *Colletidae*

WO UND WANN ZU SEHEN

Efeu-Seidenbienen haben sich schnell ausgebreitet, nicht nur in Großbritannien (wo sich die Art über Südengland nach Wales und bis auf die Kanalinseln ausgedehnt hat), sondern auch auf dem europäischen Kontinent.
Sie hängen stark von blühendem Efeu ab und sind perfekt auf diese Pflanze, die im Herbst ihre wie Außerirdische aussehenden Blüten bildet, abgestimmt. Am besten hält man an einer Efeupflanze an und betrachtet sie in Ruhe, dann kann man sicher sehen, wie die Efeu-Seidenbiene dort Futter sucht. Sie kommt im August oder September hervor und ist bis in den November zu sehen. Weibchen bauen ihre Nesthöhlen in Felswänden, Grashügeln und anderen Stellen mit weichem, offenem Grund in der Stadt, auf dem Land und an der Küste. Auch wenn es sich um Solitärbienen handelt und jede ihr eigenes Nest baut, können sich Tausende in attraktiven „Nestansammlungen" versammeln und den umliegenden Boden zum Einsturz bringen.

HABITAT UND LEBENSZYKLUS

Zuerst schlüpfen die Männchen, und zwar in großer Zahl, sodass der

Wettbewerb unter ihnen hart ist. Sie patrouillieren in Gangs in Nistgebieten, um sich sofort auf die Weibchen zu stürzen, sodass sie sich oft gegenseitig anspringen. Diese Aufregung, die noch verstärkt wird, wenn endlich ein Weibchen auftaucht, führt zu dramatischen Ansammlungen von männlichen Efeu-Seidenbienen. Dann müssen sie sich aus dem Bündel befreien und sich wieder auf die Jagd begeben, um das nächste verfügbare Weibchen zu jagen.

Nach der Paarung sucht das Weibchen nach einer nach Süden ausgerichteten offenen Stelle am Boden mit weicher Erde. Dort gräbt es ein Erdloch mit zahlreichen Kammern von 35–40 cm Größe im Untergrund, in die es seine Eier legt. Als Mitglied der Familie der Seidenbienen kleidet es sein Nest mit einer zellophanähnlichen, wasserdichten und antimikrobiellen Schicht aus, die es aus seinem Körper herstellt und mit seiner Zunge aufträgt. So verhindert es, dass Nahrungsvorräte in der langen Entwicklungszeit der adulten Bienen verderben.

Gesammelten Pollen und Nektar bewahrt es als fast flüssige „Suppe" auf, mit der die Larven gefüttert werden, wenn sie aus den Eiern, die es zuvor in die verschlossenen Zellen gelegt hat, schlüpfen. Sein Lebenszyklus dauert grob sechs Wochen von der Paarung bis zum Nestbau, zur Futtersuche, Eiablage und Fertigstellung des Nests, bis es dann stirbt. Im Nest schlüpfen die Larven aus den Eiern und ernähren sich von den Pollenvorräten. Dann verpuppen sie, um im Spätsommer des folgenden Jahres als adulte Efeu-Seidenbiene hervorzukommen.

Eine Zeit lang glaubte man, dass Efeu-Seidenbienen nur vom Pollen und Nektar des blühenden Efeus leben, der in der späten Saison eine lebenswichtige Quelle für viele Bienen und andere Insektenarten ist. Aber man hat sie auch an anderen Pflanzen auf Futtersuche gesehen, vor allem, wenn es nur wenig blühenden Efeu gibt.

DIESE BIENE UNTERSTÜTZEN

Wenn Sie blühenden Efeu (*Hedera helix*) pflanzen, wächst er zwar schnell, aber es dauert etwa zehn Jahre, bis er blüht. Wenn Sie schon welchen haben, schneiden Sie ihn erst nach der Herbstblüte zurück. Nektar, Pollen und Beeren des Efeus sind Nahrung für viele andere Kreaturen wie für Bienen, und sein Dickicht bildet einen wertvollen Schutz für Wildtiere.

Andere ebenso wertvolle Pflanzen sind Safran-Krokus, Natternkopf-Bitterkraut, Heidekraut und Goldrute.

Habitat: Wenn Sie einen nach Süden ausgerichteten Standort mit leichtem, weichem Boden haben, halten Sie einen Teil davon frei, um kahle Stellen für Nistplätze zu schaffen. Pflanzen Sie Futterpflanzen in der Nähe an.

HEIDEKRAUT-SEIDENBIENE

Wie ihre nahen Verwandten, die Efeu-Seidenbiene (siehe Seite 67) und die Küsten-Seidenbiene wird auch die Heidekraut-Seidenbiene generell mit einer einzigen Pflanzenart in Verbindung gebracht, deren Lebenszyklus mit ihrem übereinstimmt. Alle drei Arten gehören zur Familie der Colletes, auch Seidenbienen genannt, weil sie ihre Nester mit einer seidigen, wasserfesten, pilzresistenten zellophanartigen Schicht auskleiden. Diese produzieren sie aus der Dufour-Drüse in ihrem Hinterleib und tragen sie mühsam mit ihren ungewöhnlich gegabelten Zungen auf. Ein anderes ungewöhnliches Merkmal der Colletes-Bienen ist die halbflüssige Suppe aus Pollen und Nektar, die sie als Vorrat in die Brutzellen legen (die meisten anderen Bienen produzieren härtere Nahrung für ihre Jungen). Sie sind dunkler als Efeu-Seidenbienen, die man ebenfalls auf Heidekraut sehen kann; diese charmanten kleinen Bienen haben klar konturierte beige und schwarze Streifen.

♀ *Weibchen*

UNGEFÄHRE GRÖSSE:
Weibchen 8,5 mm
Männchen 6,5 mm

WISSENSCHAFTLICHER NAME:
Colletes succinctus

FAMILIE: *Colletidae*

WO UND WANN ZU SEHEN

Diese Art sieht man ganz im Norden und Westen bis nach Wales und Südirland und ebenso auf den Kanal- und Scilly-Inseln. Auf dem europäischen Kontinent ist sie von Portugal ostwärts bis nach Asien zu sehen, sowie auch im Iran.

Halten Sie vom späten Juli bis Oktober in Heidelandschaften und Heidemooren sowie an Dünen und Stränden nach ihr Ausschau. Sie nistet entweder einzeln oder in großen Ansammlungen, wobei die Nester der Weibchen nur ein paar Zentimeter Abstand zueinander haben.

Diese „Nestansammlungen" können Zehntausende von Einzelbienen enthalten. Das eigene Nest in dieser dichten Population zu finden, kann eine Herausforderung sein, dabei hilft es, wenn sie sich auf physische Orientierungspunkte wie ein Blatt oder einen Zweig verlassen.

HABITAT UND LEBENSZYKLUS

Die Männchen verlassen im Juli/August das Nest, um zu fressen und sich für das etwas spätere Auftauchen der Weibchen zu rüsten. Sie patrouillieren bei den Nistplätzen und lauern darauf, dass die Weibchen herauskommen, aber manchmal endet das in Kämpfen mit anderen Männchen, wobei sie sich im Bündel auf dem Boden wälzen und sich um ein einziges Weibchen streiten.

Anschließend gräbt das befruchtete Weibchen einen kleinen Hohlraum, kleidet ihn mit dem „Zellophan" aus ihrer Dufour-Drüse in ihrem Hinterleib aus und legt Trennwände an. Sie geht auf Futtersuche und versorgt jede Zelle mit einer fast flüssigen Mischung aus Pollen und Nektar, bevor sie ein Ei hineinlegt. Später spinnen sich die gut genährten Larven selbst Kokons und es dauert Monate, bis sie als adulte Bienen am Ende des folgenden Sommers hervorkommen.

Weibchen reisen über einige Entfernung, um Pollen aus Heidekraut (vor allem Besenheide) zu suchen; Heidemoore sind dann oft mit einem Teppich von Sammlerinnen bedeckt. Wenn nicht genug Heide vorhanden ist, sucht die Heidekraut-Seidenbiene andere Spätsommer-Tracht auf, unter anderem Efeu, Schafgarbe und Disteln.

DIESE BIENE UNTERSTÜTZEN

Die drei wichtigsten Heidekrautarten für diese kurzzungige Biene sind Besenheide, Graue Heide und Glocken-Heide, außerdem Acker-Kratzdisteln, Gelber Steinklee, Gemeine Schafgarbe, gelb blühende Gänseblümchen und blühender Efeu.

Habitat: Wenn Sie in einer Heidegegend oder in der Nähe einer Küste mit lockerem Sandboden leben, lassen Sie ein paar Stellen frei, um nistende Weibchen anzuziehen, damit sie Löcher graben können. Hilfreich ist es, wenn Sie Futterpflanzen in die Nähe setzen.

Graue Heide

GRAUE SANDBIENE

Diese Biene ist ein Ingenieur, die für den Nestbau lockeren und sandigen Boden aushebt. Dies ist ganz offensichtlich eine erfolgreiche Strategie, denn es gibt weltweit mehr als 1.400 verschiedene Arten von Sandbienen.

Die Graue Sandbiene ist an ihrer eleganten schwarz-weißen Färbung leicht zu erkennen. Die Weibchen, ähnlich groß wie die Arbeiterinnen der Honigbiene, haben um die Brust eine wundervolle Krause, die einen schönen Kontrast zu dem glänzend schwarzen, blau schimmernden Hinterteil bildet. Die Männchen sehen ähnlich aus, sind aber kleiner und längst nicht so glamourös geschmückt.

♀ *Weibchen*

UNGEFÄHRE GRÖSSE:
Weibchen 10–11 mm
Männchen 9–10 mm

WISSENSCHAFTLICHER NAME:
Andrena cineraria
FAMILIE: *Andrena*

WO UND WANN ZU SEHEN

Die Graue Sandbiene kommt oft in England und auf den Kanalinseln und in Mitteleuropa, Skandinavien vor sowie auch in China. Sie fliegt von Ende März bis Juni oder Juli umher. Weibchen kann man von Ende März an beobachten, wie sie Nistplätze ausheben, sie sind überraschend anpassungsfähig. Man sieht sie an Küsten, auf niedrigen Wiesen und an Felsen, ebenso in Heidelandschaften an Mooren und in offenen Waldgebieten sowie auf Brachflächen und Wegesrändern, Steinbrüchen und Gärten – überall, wo es sonnig ist und der Boden weich und sandig.

HABITAT UND LEBENSZYKLUS

Wenn die gerade geschlüpften Weibchen das Nest zum ersten Mal verlassen, werden sie von den Männchen geschnappt, die schon wie irre um die Stelle schwirren, weil sie ja ein paar Tage früher herausgekommen sind. Frisch befruchtet sucht jedes Weibchen einen eigenen Nistplatz, idealerweise in Richtung Süden gelegen, entweder isoliert oder bei anderen Nestern der Grauen Sandbiene.

In sandigem Boden gräbt es mit den festen Mundwerkzeugen einen Tunnel und baut einen Hauptnistgang, der in mehrere Kammern führt.

Dann geht es auf Futtersuche und legt in jeder Kammer einen Vorrat von mit Nektar befeuchtetem Pollen an. Das Nest sieht wie ein kleiner Vulkan aus und kann mit lockerem Boden verschlossen sein, um den Tunneleingang vor Eindringlingen oder schlechtem Wetter zu schützen.

Das Weibchen legt in jede Kammer ein Ei und verschließt es darin, damit ist dann seine Aufgabe als Mutter beendet. Aus den Eiern schlüpfen Larven, die sich von dem Pollenvorrat ernähren, bevor sie sich über den Winter in ihren Kokons einspinnen. Im folgenden Jahr kommen sie als adulte Bienen daraus hervor.

DIESE BIENE UNTERSTÜTZEN

Graue Sandbienen sammeln Pollen und/oder Nektar von vielen Pflanzenarten, dazu gehören:

Bäume und Büsche: Obstbäume und Büsche aller Arten, etwa Apfel, Schwarze Johannisbeere, Brombeere, Kirsche, Schlehe, Säckelblumen, Stechginster, Weißdorn und Weiden.

Kleinere Pflanzen: Atlantisches Hasenglöckchen, Hahnenfuß, Gänseblümchen, Löwenzahn, Wolfsmilch, Raps, Grasnelke und viele Doldenblütler.

Habitat: Weicher, sandiger Boden oder gut gemähte Grasflächen. Pflanzen Sie Futterquellen nahe an potenzielle Nistplätze.

Stechginster

ROTPELZIGE SANDBIENE

Die weibliche Rotpelzige Sandbiene ist eine glamouröse Kreatur in ihrem dichten, fuchsroten Fell mit tiefschwarzem Gesicht, Unterseite und Beinen. Sandbienen wie diese graben ihre Löcher oft in kurzem Gras. Das ist ein guter Grund, Wiesen an manchen Stellen zu mähen und so Weideland zu imitieren. Männliche Rotpelzige Sandbienen sind nicht so prunkvoll wie die Weibchen. Sie sind schlanker, auch rotbraun, aber nicht so leuchtend farbig und haben weniger dichten Pelz. Man erkennt sie gut an ihrem hübschen weißen Tupfer auf dem Gesicht.

Weibchen ♀

UNGEFÄHRE GRÖSSE:
Weibchen 10–12 mm
Männchen 8–10 mm

WISSENSCHAFTLICHER NAME:
Andrena fulva
FAMILIE: *Andrenidae*

WO UND WANN ZU SEHEN

Von März bis Juni kommen diese Bienen in weiten Teilen Großbritanniens sowie auf dem Kontinent vor, auch in Südskandinavien und auf dem Balkan. Dabei ist die Populationsdichte doch gering, weshalb man sie nicht so einfach findet. Ein Pluspunkt ist, dass sie sich von einer großen Pflanzenvielfalt ernähren und sowohl städtische als auch ländliche Habitate beziehen.

HABITAT UND LEBENSZYKLUS

Der Lebenszyklus der Rotpelzigen Sandbiene fällt mit der Blüte großer Obstbäume, wie Apfelbäumen, zusammen. Sie bestäuben die Bäume, indem sie von Blüte zu Blüte fliegen und Nektar und Pollen sammeln.

Nachdem sie aus dem Überwinterungsnest hervorgekommen sind, verbringen die jungen Männchen ihre Zeit damit, Futter zu suchen und den Nistplatz im Blick zu behalten. Dort patrouillieren sie und warten darauf, dass die geschlüpften Weibchen das Nest verlassen, was zu einem riesigen Paarungswettbewerb führt.

Nach der Befruchtung lebt das Weibchen nur wenige Wochen und muss in dieser Zeit einen Ort finden, wo es ein Loch für seine Eier ausheben kann.

Dafür gräbt es auf weichem Boden in südlicher Lage mit seinen Mundwerkzeugen einen etwa 20–30 cm tiefen Tunnel, in dem es seitliche Kammern anlegt. In jede legt es Pollen und etwas Nektar und dann jeweils ein Ei. Wenn das Nest im Frühsommer fertig ist, verlässt das Weibchen es und stirbt kurz danach. Die Brut schlüpft ein paar Tage später und verpuppt im Winter, um als adulte Biene im folgenden Frühling hervorzukommen.
Ob in einem Blumenbeet, an einer sonnigen Böschung, auf gemähtem Gras oder in spärlich bewachsenen Randbereichen – die winzigen Löcher, die die Sandbienen bohren, sehen wie kleine Vulkane aus, an deren Eingang sich ein Haufen Erde auftürmt. Man kann sie einzeln verstreut oder in Ansammlungen (Clustern von Einzelnestern) sehen.
Der parasitäre Wollschweber (Bombylius major, siehe Seite 38) hat schon seine Eier in die Nester der Rotpelzigen Sandbiene gelegt.

DIESE BIENE UNTERSTÜTZEN

Rotpelzige Sandbienen sind kurzzungig, sammeln aber Pollen und/oder Nektar von vielen Pflanzenarten, dazu gehören:

Bäume und Büsche: Apfel, Buche, Schlehdorn, Kirsche, Stachelbeere, Weißdorn, Stechpalme, Berg-Ahorn, Eiche, Birne, Pflaume, Bergahorn, Weide, Wolliger Schneeball.

Kleinere Pflanzen: Hahnenfuß, Wiesen-Gänseblümchen, Narzisse, Löwenzahn, Knoblauchsrauke, Raps.

Habitat: Lassen Sie Bereiche mit weichem, am besten sandigem Boden frei oder legen Sie gut gemähte Grasflächen an.

Holzapfel

ZWEIFARBIGE SCHNECKENHAUSBIENE

Diese Biene ist sehr speziell, sie nistet ausschließlich in leeren Schneckenhäusern. Aber nicht jedes Schneckenhaus ist dafür geeignet, doch wo diese Biene vorkommt, findet man auch bestimmte Schneckenarten. Obwohl diese Biene in ihrem Verbreitungsgebiet nicht selten ist, wird sie im Vereinigten Königreich als „bemerkenswert" eingestuft.

Nicht nur die Weibchen suchen Schneckenhäuser auf, auch die Männchen wurden darin gesichtet. Sie suchten dort Schutz vor Kälte und Feuchtigkeit sowie einen sicheren Übernachtungsplatz und verteidigten diese Häuser ziemlich entschieden.

♀ *Weibchen*

UNGEFÄHRE GRÖSSE:
Weibchen 8–10 mm
Männchen 7–9 mm

WISSENSCHAFTLICHER NAME:
Osmia bicolor

FAMILIE: *Megachilidae*

WO UND WANN ZU SEHEN

Das Verbreitungsgebiet der Zweifarbigen Schneckenhausbiene erstreckt sich vom Süden Großbritanniens, einschließlich Südwales, in den Norden bis ins südliche Skandinavien, Richtung Osten bis nach Zentral-Asien und im Süden bis nach Italien, Spanien und Rumänien. Sie siedelt in kalziumreichen Landschaften, wo ihre verbündeten Schneckenarten leben sowie in Wäldern, Heide- und Graslandschaften mit Kalkstein und kalkhaltigen Böden, außerdem in Steinbrüchen und Brachlandschaften. Diese Bienenart kommt früh zum Vorschein, die Männchen werden im März oder sogar Februar aktiv. Aber generell sieht man sie von April bis Juli auf Futtersuche oder mit viel Glück auch in Schneckenhäusern.

HABITAT UND LEBENSZYKLUS

Die Männchen erscheinen ein paar Wochen vor den Weibchen, sammeln Kräfte, um sich auf die jungen Weibchen zu stürzen und sie zu befruchten, wenn sie den Nistplatz verlassen. In seinem kurzen Leben paart sich ein Männchen bis zu sieben Mal, bis seine Sperma-Vorräte aufgebraucht sind.

Ein begattetes Weibchen sucht dann und baut in seinem kurzen Leben in mehreren Häuschen separate Nester.

Kleine Schneckenhäuser können nur ein einziges Ei enthalten, größere bis zu fünf. Jede Nistzelle wird mit Kugeln aus Pollen und Nektar versorgt, die das Weibchen herstellt und darauf das Ei legt. Die Zellen trennt es durch zerkaute Blätter voneinander ab. Zwischendurch geht es nur kurz auf Futtersuche, um zu verhindern, dass das Nest von Angreifern zerstört wird. Schließlich verschließt es das Haus mit demselben Blattmaterial und verschmiert es zur Tarnung auch auf der Außenseite. Als weiteren Schutz platziert es eine körnige Barriere aus Sand oder Erde zwischen der letzten Zelle und dem letzten Pfropfen. Dann dreht es das Schneckenhaus um, damit die Öffnung auf dem Boden oder teilweise darin vergraben liegt. Als Letztes errichtet es eine weitere Tarnschicht und baut eine kleine Schutzschicht aus Holzabfällen auf. Diese verklebt es dann mit Speichel zu einer Art Dach.

DIESE BIENE UNTERSTÜTZEN

Zweifarbige Schneckenhausbienen sind langzungig und können weiträumig auf Nahrungssuche gehen, aber die Weibchen sammeln in der Regel Pollen von einer einzigen Quelle, um ihre Suche so schnell und produktiv wie möglich zu gestalten. Auf diesen Pflanzen wurden sie gesichtet:

Bäume und Büsche: Schlehe, Ginster, Eiche, Weide, Ahorn.

Kleinere Pflanzen: Atlantisches Hasenglöckchen, Gewöhnlicher Hornklee, Gänseblümchen, Löwenzahn, Hunds-Veilchen, Gundermann, Gewöhnlicher Hufeisenklee, Saat-Esparsette, Buschwindröschen.

Habitat: Legen Sie leere Schneckenhäuser neben die Futterpflanzen in Ihre Blumenbeete.

Buschwindröschen

GROSSE HOLZBIENE

Xylocopa kommt aus dem Griechischen und bedeutet Holzarbeiter, und obwohl sie in Großbritannien so selten ist, ist diese riesige Expertin für Holzarbeiten meine absolute Lieblingsbiene. Im Vereinigten Königreich lebt sie zwar noch nicht lange, aber auf dem europäischen Festland ist sie weit verbreitet. Ich habe sie zum ersten Mal in Italien gesehen, wo mich ein ungewöhnlich lautes Summen und eine Welle der Unruhe zu einem Blumenbestand gelockt hat. Zuerst hielt ich sie für einen riesigen fliegenden Käfer, aber dann entpuppte sie sich als Große Holzbiene, die größte und schönste, die ich jemals gesehen habe.

In Großbritannien wurde sie erstmals 2006 gesichtet, wahrscheinlich kam sie mit einer Holzladung vom europäischen Kontinent herüber. Seitdem hat sie sich langsam, aber stetig verbreitet und dabei vom Klimawandel profitiert. Diese Biene ist atemberaubend, sowohl wegen ihrer Größe als auch wegen ihres schimmernden schwarzen Körpers, der ins Violette changiert, und wegen der metallisch glänzenden Flügel. In Europa gehört sie zu den größten Bienen.

♀ *Weibchen*

UNGEFÄHRE GRÖSSE:
Weibchen 20–30 mm
Männchen 20–30 mm

WISSENSCHAFTLICHER NAME:
Xylocopa violacea

FAMILIE: *Apidae*

WO UND WANN ZU SEHEN

Die Große Holzbiene hat sich von ihrer ursprünglichen Heimat rund um das Mittelmeer und Schwarze Meer nach Polen, Belgien und Deutschland ausgebreitet.
Darüber hinaus dehnt sich die Art nach Zentralchina aus und wurde auch in nördlichen Gegenden Indiens gesehen. Diese Bienen fliegen von April bis Juni umher, manchmal schon im März, vor allem an Waldrändern.

HABITAT UND LEBENSZYKLUS

Im Frühling machen sich die befruchteten Weibchen auf die Suche nach Nistplätzen. Mit ihrem kräftigem Mundwerkzeug graben sie Tunnel in weiches, verrottetes oder auch unversehrtes Holz, in Bäume oder

Büsche oder in Bauelemente. (Wo es kein passendes Holz gibt, nehmen sie hohle Pflanzenstängel mit großem Durchmesser.) Daher betrachten manche Menschen sie als Schädlinge, obwohl sie nützliche Bestäuber von Nutzpflanzen sind, zumal sie durch Summen bestäuben können. Die weibliche Biene baut einen Haupttunnel und legt manchmal auch kleinere Seitenarme an. Dann beißt sie mit ihren Mundwerkzeugen Holz ab und zerkaut es zu einer Art Papier, mit dem sie dicke Zellwände konstruiert. In das Nest kommen dann sieben bis acht Eier, in jede Zelle eins, die mit Pollen und Nektar versorgt und dann verschlossen werden. Die Weibchen sind beim Nestbau sehr defensiv, indem sie ständig summen, zum Eingang eilen und sich sogar in die Luft erheben, um Nesträuber abzuwehren.

Diese Biene gehört zur Art der *Xylocopa*, von denen manche ansatzweise soziale Arten sind, wobei die nestbauenden Weibchen ihre Jungen bewachen, während diese zu Larven schlüpfen und sich dann verpuppen. Die jungen Adulten kommen im Herbst hervor, werden manchmal von den nestbauenden Weibchen gefüttert und verbringen den Winter im Nest, das sie im folgenden Frühling verlassen, um eigene zu bauen. Aber es ist nicht ganz klar, ob das auch für diese Bienen gilt. Häufig liest man, dass ein einzelnes Weibchen sein eigenes Nest baut, es verschließt und die Nachkommen ohne es heranwachsen. Einigen Untersuchungen zufolge sind Große Holzbienen in unterschiedlichem Maße sozial, je nachdem, wie es die Populationsdichte, das Futter und das Klima erlauben.

DIESE BIENE UNTERSTÜTZEN

Große Holzbienen haben ziemlich lange Zungen. Sie sammeln bei vielen verschiedenen Pflanzenfamilien Futter, aber wie so viele andere Bienenarten mögen sie *Fabaceae* (Erbsen/Bohnen) und *Lamiaceae* (Minze/Salbei/Taubnessel), sind blütentreu und bevorzugen folgende Futterquellen:

Bäume und Büsche: Blauregen, Obstbäume, vor allem Pfirsichbäume.

Kleinere Pflanzen: Dicke Bohnen/Ackerbohnen, Feuerbohnen, Lavendel, Minze, Kapuzinerkresse, Strauchkronwicke.

HOSENBIENE

Über diese Kreatur mit dem wunderlichen Namen möchte man gerne mehr wissen. Selbst ihr lateinischer Name, Dasypoda hirtipes, klingt interessant. Beide Geschlechter sind goldbraun und schwarz gestreift, aber die Hose hat nur das Weibchen an. Seine Hinterbeine sind stark gefiedert und mit langen, gelbbraunen Haaren bedeckt. Wenn es Pflanzen aufsucht, klebt der Pollen daran, sodass sich nach und nach recht spektakuläre Knickerbocker bilden. Auch das Männchen ist pelzig, hat aber keine Hosen und sein Haar bleicht in der Sonne aus und wird silbrig-weiß.

♀ *Weibchen*

UNGEFÄHRE GRÖSSE:
Männchen und Weibchen: 10–11 mm

WISSENSCHAFTLICHER NAME:
Dasypoda hirtipes
FAMILIE: *Melittidae*

WO UND WANN ZU SEHEN

In Großbritannien gibt es wenig Hosenbienen, sie leben in Heidelandschaften und an sandigen Küsten, meist im Südwesten, aber auch zwischen Norfolk und Wales und auf den Kanalinseln, auch sonst hier und da. Doch weltweit sind sie verbreitet, in ganz Europa, einschließlich Südskandinavien und bis nach China und dem äußersten Osten Russlands sowie auch in Nordafrika.
In Europa tauchen sie hauptsächlich zwischen Juni und dem späten August auf und weil sie vor allem auf Pflanzen der Gänseblümchen-Familie (*Asteraceae*), insbesondere auf solchen mit gelben Blüten, Nahrung suchen, sollte man in deren Nähe nach ihnen Ausschau halten. Es wird berichtet, dass sie morgens auf Futtersuche gehen.

HABITAT UND LEBENSZYKLUS

Die exponierten Sandflächen, die diese Bienen aufsuchen, gibt es an den unterschiedlichsten Orten, sowohl in der Stadt als auch auf dem Land. Am liebsten halten sie sich an in Südrichtung gelegenen Dünen, Felsen und Heidelandschaften auf. In lockeren Sandböden können sie leicht ihre Höhlen graben, aber sie nisten auch auf Salzwiesen und kargen, stoppeligen Graslandschaften.

Wie bei Solitärbienen üblich, kommen die Männchen nach dem Winter zuerst aus dem Nest, sammeln Nahrung und warten auf die Paarung.
Befruchtete Weibchen graben tiefe unterirdische Höhlen, die 90 cm lang werden können. Dabei arbeiten sie rückwärts und heben den Boden wie ein Schneepflug aus, sodass außerhalb des Nests ein Fächer aus loser Erde entsteht, der sich deutlich von den vulkanartigen Hügeln anderer Sandbienen unterscheidet.
Sie sind zwar Solitärbienen, aber viele Weibchen bauen ihre Nester dicht beieinander, in deren Zellen sie eine „dreibeinige“ Struktur mit einer Kugel aus nektarbefeuchteten Pollenspeichern und einem Ei obendrauf anlegen. Sehr ungewöhnlich ist, dass sich ihre Larven nicht in Kokons einspinnen. Sie wachsen im Nest heran, das das Weibchen verschlossen und verlassen hat, und kommen im folgenden Frühjahr heraus; dann beginnt ein neuer Lebenszyklus.

DIESE BIENE UNTERSTÜTZEN

Hosenbienen sind kurzzungig und ernähren sich auf Wildblumen, vor allem aus der Familie der Gänseblümchen. Sie mögen besonders solche mit gelben Blüten, außerdem viele wilde und kultivierte Disteln.

Zu Pflanzen, die sie anlocken, gehören Gewöhnliches Ferkelkraut, Großes Flohkraut, Gemüse-Gänsedistel, Löwenzahn, Pippau, Flockenblumen, Gewöhnliche Kratzdistel, Natternkopf-Bitterkraut. Greiskräuter sind auch sehr attraktiv für diese Bienen, sollten aber nicht angepflanzt werden, weil sie hochinvasiv und für viele Tiere giftig sind.

Habitat: Wenn Ihr Garten einen lockeren, sandigen Boden hat, sollten Sie einen sonnigen, nach Süden ausgerichteten Bereich frei lassen, damit die Bienen darin wühlen können.

Schwarze Flockenblume

KLEINE GLOCKENBLUMEN-SCHERENBIENE

Diese schlanke Biene mit großem Kopf und glänzenden schwarzen Flügeln wirkt auf den ersten Blick wie eine Fliege oder Ameise mit Flügeln. Aber aufgrund ihrer Anatomie und ihres besonderen Verhaltens bei der Futtersuche kann man sie leicht als kleine Biene identifizieren. Männchen und Weibchen sind gleich groß und von ähnlicher Farbe, aber das Weibchen hat weiße Haare auf der Unterseite und am Hinterleib, mit denen es Pollen sammelt.

Das Männchen hat auch ein charakteristisches Merkmal: einen doppelzackigen „Stift" am letzten Segment seines Unterleibs. Damit findet es Halt auf Blumen, wenn es die Nacht darin verbringt oder dort Schutz vor schlechtem Wetter sucht.

♀ *Weibchen*

UNGEFÄHRE GRÖSSE:
Männchen und Weibchen: 4–4,5 mm

WISSENSCHAFTLICHER NAME:
Chelostoma campanularum
FAMILIE: *Megachilidae*

WO UND WANN ZU SEHEN

Kleine Glockenblumen-Scherenbienen leben in Süd- und Mittelengland und sind weit über Europa, bis nach Nordafrika und Asien verbreitet. Seit den 1960er-Jahren sind sie in Nordamerika und dort an der Ostküste der USA, im Bundesstaat New York, in Connecticut und im Norden Kanadas zu finden.
Wie ihr Name besagt, hängen sie vor allem von Glockenblumen als Futterquelle und Schutz ab. Man sieht sie zwischen Juni und August an Garten-Glockenblumen und wilden Arten in Heidelandschaften auf Futtersuche.

HABITAT UND LEBENSZYKLUS

Junge Männchen verlassen zuerst das Nest und suchen auf Glockenblumen Nahrung, Schutz und sogar Schlaf. Die später schlüpfenden Weibchen suchen dieselben Stellen zur Nahrungssuche und Paarung auf.

Auch die von den befruchteten Weibchen aufgesuchten Nistplätze (meist winzige Löcher in Gehölz, die schon von Holzwürmen oder Käfern gebohrt wurden) befinden sich in der Nähe von Glockenblumen.
Ihre Nester haben Trennwände aus Erde, Nektar und Speichel, wobei jede Zelle mit Pollen und Nektar gefüllt ist, die sie vor der Eiablage sammeln und einschließen. Der lateinische Name *Chelostoma* bedeutet „Krallenmund“. Das Weibchen klammert sich mit seinen kräftigen Mundwerkzeugen und Vorderbeinen an den Staubbeuteln der Blüte fest, während es mit den Hinterbeinen die Pollen auf die behaarte Unterseite seines Hinterleibs streicht.
Kurz nachdem es das Nest fertiggestellt und mit einem letzten Pfropfen aus Sand und kleinen Steinchen verschlossen hat, stirbt das Weibchen. Im folgenden Jahr schlüpft dann die nächste Generation, verpuppt sich und kommt als adulte Biene hervor.

DIESE BIENE UNTERSTÜTZEN

Diese Biene benötigt sowohl als Futter als auch als Unterschlupf Glockenblumen, sie zu pflanzen, ist daher hilfreich. Davon gibt es unzählige Arten, einschließlich der Pfirsichblättrigen Glockenblume, Rundblättrigen Glockenblume (*C. rotundifolia*, manchmal auch Schottische Glockenblume genannt), Marien-Glockenblume, Nesselblättrige Glockenblume, Rapunzel-Glockenblume, Knäuel-Glockenblume, Karpaten-Glockenblume und der Berg-Sandglöckchen.

Habitat: Obwohl sie gerne in alten Insektenlöchern nistet, ist bekannt, dass die Kleine Glockenblumen-Scherenbiene auch hohle Pflanzenstängel nutzt (siehe Seite 158) und auch für gut gepflegte Bienenhotels infrage kommt (siehe Seite 126).

Glockenblume

ROSTFARBENE BLATTSCHNEIDERBIENE

Wenn Sie eine fliegende Biene sehen, die ein Stück Blatt transportiert, dann bilden Sie sich das nicht ein – das ist eine Blattschneiderbiene bei der Arbeit, die Nistmaterial trägt, das sie mühsam abgebissen hat. Im Vereinigten Königreich gibt es sieben Arten Blattschneiderbienen, am meisten verbreitet ist die Rostfarbene, neben der Garten-Blattschneiderbiene (Megachile willughbiella).

Sie ist etwa so groß wie eine Honigbiene, aber gedrungener. Die Weibchen haben orange Haare auf der Unterseite des Hinterleibs, von denen oft gesagt wird, dass sie wie ein leuchtender Heiligenschein aussehen. Diese Haare sind hocheffiziente Pollenfänger, wodurch die Biene ein sehr guter Bestäuber ist. Die Männchen sind schmaler, wirken pelziger, haben aber nicht die orangen Haare am Hinterleib.

♀ *Weibchen*

UNGEFÄHRE GRÖSSE:
Weibchen 9–13 mm
Männchen 8–12 mm

WISSENSCHAFTLICHER NAME:
Megachile centuncularis
FAMILIE: *Megachilidae*

WO UND WANN ZU SEHEN

Die Rostfarbene Blattschneiderbiene kommt recht häufig vor, sie lebt in ganz Großbritannien, vom Süden bis hoch in den Norden Schottlands und Osten Irlands, ebenso auf den Kanalinseln. Ansonsten sieht man sie in ganz Europa und in Asien sowie in ganz Kanada und in den nördlichen Bundesstaaten der USA.
Halten Sie von Mitte Juni bis Anfang September nach ihr Ausschau. Sie ist ein anpassungsfähiger Nestbauer und Futtersucher und nistet sowohl auf dem Land als auch in städtischen Gärten. Wenn Sie runde oder ovale „Bisse“ an Rosenbüschen, Heckenkirschen, Flieder, der Gewöhnlichen Rosskastanie, an Buchen oder Eschen sehen, war das womöglich ihre Arbeit.

HABITAT UND LEBENSZYKLUS

Frisch geschlüpfte Männchen fressen und patrouillieren vor dem Nistplatz, um jederzeit auf die Weibchen zu springen, sobald diese herauskommen. Nach der Befruchtung sucht das Weibchen nach einem Nistplatz.

Rostfarbene Blattschneiderbienen sind einfallsreich und bauen gerne in Löchern in Holz oder Wänden sowie in hohlen Pflanzenstängeln. Mit seinen scherenartigen Mundwerkzeugen schneidet das Weibchen aus Blättern kreisförmige Stücke aus und fertigt daraus kleine Päckchen oder Zellen an, in die es gesammelten Pollen und Nektar packt, bevor es ein Ei hineinlegt und es verschließt.
Danach verschließt es den Nesteingang mit weiteren Blattstückchen.
Die Nachkommen überwintern in ihren Zellen und schlüpfen im folgenden Frühjahr. Wie bei den meisten Solitärbienen werden männliche Eier in die letzten Zellen gelegt, damit sie vor den weiblichen das Nest verlassen können. Dass die jüngsten Bienen zuerst schlüpfen, ist eine der Besonderheiten dieser Solitärbienen.

DIESE BIENE UNTERSTÜTZEN

Rostfarbene Blattschneiderbienen sind langzungig und sammeln Pollen und/oder Nektar von vielen unterschiedlichen Pflanzen, bei einigen bedienen sie sich zugleich auch für den Nestbau an den Blättern. Brombeeren und Disteln werden oft als beliebte Futterquellen genannt.

Bäume und Büsche: Esche, Birke, Gewöhnliche Rosskastanie, Flieder, Rosen, Heckenkirsche, Gewöhnliche Schneebeere, Brombeere.

Kleinere Pflanzen: Schminkwurz, Baptisia, Scharfer Hahnenfuß, Flockenblumen, Klette, Löwenzahn, Schwarzäugige Rudbeckie, Goldrute, Disteln.

Habitat: Während der Blütezeit Pflanzen mit hohlen Stängeln nicht bis zum Boden zurückschneiden. Futterpflanzen und Pflanzen für den Blattvorrat in die Nähe setzen. Diese Bienen nisten auch in gut geführten Bienenhotels (siehe Seite 126).

Hundsrose

GEMEINE FURCHENBIENE

Veränderung und Anpassung sind in der Evolution von entscheidender Bedeutung, und die Gemeine Furchenbiene ist besonders faszinierend, weil sie einen sozialen Polymorphismus aufweist. Das bedeutet, dass sie sowohl solitäre als auch sozial organisierte Lebenszyklen aufweist und sogar zwischen beiden wechselt. Das bietet Wissenschaftlern einzigartige Forschungsmöglichkeiten.

Auch als Schmalbiene bekannt, gehört sie zu der Gattung, die wegen ihres Bedarfs an Natrium (Salz) gemeinhin als „Schweißbiene" bezeichnet wird. Sie findet es in Küstenregionen an Blumen, aber die Suche nach Salz kann auch dazu führen, dass sie zu warmen, schwitzenden Menschen gelockt wird. Sie hat eine ausgeprägte Zunge, gut geeignet zum Lecken; darauf bezieht sich auch ihr wissenschaftlicher Artenname Lasioglossum, was „haarige Zunge" bedeutet.

♂ *Männchen*

UNGEFÄHRE GRÖSSE:
Männchen und Weibchen: 5–7 mm

WISSENSCHAFTLICHER NAME:
Lasioglossum calceatum

FAMILIE: *Halictidae*

WO UND WANN ZU SEHEN

Dieser wichtige Bestäuber ist in ganz Großbritannien zu finden, bis nach Nordschottland, auf die Scilly- und Kanalinseln sowie die Isle of Man und Teile Irlands. Auf dem europäischen Kontinent ist sie bis in den Norden Finnlands verbreitet, im Süden bis in die Türkei (meist in gebirgige Regionen) und ostwärts bis nach Asien, einschließlich Nordkorea, den Osten Russlands, China und Japan.
Von April bis Oktober fliegt sie in vielen städtischen und ländlichen Gebieten umher. Sie kann sogar in einer Höhe von bis zu 1.800 m nisten.

HABITAT UND LEBENSZYKLUS

Hier wird es jetzt richtig interessant. Schon 1972 haben japanische Forscher zwei Verhaltensweisen bei der Gemeinen Furchenbiene festgestellt – Solitärbienen, die in höher gelegenen, kälteren Regionen nisten und soziale, staatenbildende Bienen, die in wirtlicheren, niedrigeren Gegenden nisten, wo der Frühling/Sommer so lang ist, dass zwei Generationen in einem Jahr aufgezogen werden können. Studien in anderen

Ländern haben das bestätigt und berichten, dass soziale Gemeine Furchenbienen wieder in ein Solitärverhalten verfallen, wenn sie in kühlere Gegenden umgesiedelt werden. Diese und verwandte Bienenarten, wie die Rotbeinige Furchenbiene (in den USA intensiv untersucht), geben Wissenschaftlern gute Einblicke in die Entwicklung des Sozialverhaltens.

Das Kastensystem sozialer Bienen kann man gut bei Honigbienen und Hummeln beobachten und ansatzweise auch bei sozialen Gemeinen Furchenbienen, bei denen das nestgründende Weibchen wie eine Königin dominiert. Ihre Brut besteht zuerst aus weiblichen Arbeiterinnen, die die Futtersuche übernehmen und bei der Aufzucht einer „reproduktiven" Generation von Männchen und Weibchen helfen. Befruchtete Weibchen überwintern allein.

Sowohl die sozialen als auch die solitär lebenden Gemeinen Furchenbienen nisten gerne in offenen, sonnigen Bereichen, etwa auf kurz geschnittenem Rasen oder offener Erde. Dort graben die nestgründenden Weibchen vertikale Hohlräume mit Tunnelzweigen, die in Nistkammern führen, wo sie dann ihre Brutzellen bauen. In diese legen sie Pollen, der mit Nektar befeuchtet wurde, um die Larven bei ihrer Entwicklung zu versorgen.

DIESE BIENE UNTERSTÜTZEN

Die Gemeine Furchenbiene sucht auf vielen Pflanzen Futter, vorzugsweise aus der Familie der Astern, etwa auf der Schwarzäugigen Rudbeckie, auf Löwenzahn, Echinacea (Sonnenhut), Goldruten, Flockenblumen, Prachtscharten, Disteln und Sonnenblumen. Pflanzen anderer Familien, auf denen sie zur Futtersuche gesichtet wurden, sind der winterharte Storchschnabel und in den USA die Nordamerikanische Wiesenraute und Gänseblümchen aller Art.

Habitat: Lassen Sie an sonnigen Stellen freie Flächen oder halten Sie das Gras kurz, um ihnen Nistplätze zu bieten, und pflanzen Sie in der Nähe Futterquellen an.

Gefleckter Storchschnabel

LANGHORNBIENE

Diese stattliche Solitärbiene war einst im Süden Großbritanniens weit verbreitet. Vor allem wegen des Verlusts an Lebensraum ist sie selten geworden und gilt als eine der gefährdetsten Arten Großbritanniens.

An den sehr langen, elegant geschwungenen Antennen kann man die Männchen gut erkennen. Die Weibchen sind ähnlich groß, aber etwas kräftiger. Brust und Hinterleib sind bei beiden hell und goldbraun, aber leider hat nur das Männchen dieses wundervolle lange „Horn".

♂ *Männchen*

UNGEFÄHRE GRÖSSE:
Männchen und Weibchen 13 mm

WISSENSCHAFTLICHER NAME:
Eucera longicornis
FAMILIE: *Apidea*

WO UND WANN ZU SEHEN

Die Männchen kommen Mitte Mai hervor, die Weibchen ein paar Wochen später, bis Juli/August sieht man sie dann auf Futtersuche.
Diese Biene ist über ganz Westeuropa verbreitet, im Süden bis ins Mittelmeergebiet und im Osten bis nach Sibirien und China. Sie ist extrem anfällig für den Verlust von Futter- und Nistplätzen, insbesondere durch industrialisierte Landwirtschaft und Küstenerosion. In Großbritannien ist das eine besonders akute Gefahr, weshalb die Langhornbiene dort heute selten und nur an etwa ein Dutzend Küstenstreifen in Südengland und Wales zu sehen ist.

HABITAT & LEBENSZYKLUS

Die Männchen verlassen im Frühling das Nest, warten auf die etwas später hervorkommenden Weibchen und sind so besessen, sich mit ihnen zu paaren, dass sie sich zuweilen vom Charme der Bienenorchidee täuschen lassen. Diese Blume ahmt nicht nur das Aussehen einer weiblichen Biene nach, sondern verströmt auch einen verführerischen Duft, der die männlichen Langhornbienen dazu verleitet, sich mit ihr zu paaren. Diese sexuelle Mimikry von Pflanzen ist eine clevere Taktik, um eine Fremdbestäubung zu erwirken.

Grundsätzlich machen es die Männchen jedoch richtig und befruchten die

Weibchen, sobald sie ihr Nest verlassen. Dann suchen sie Bereiche mit kahlem, spärlich bewachsenem, abgegrastem oder erodiertem Boden, in denen sie ihre Höhlen anlegen können. Auch wenn die Langhornbiene eine Solitärbiene ist, nisten Weibchen gerne in Ansammlungen an derselben Stelle. Diese sollte nach Süden ausgerichtet sein und viele Futterstellen in der Nähe haben, insbesondere heimische Wildblumen, die in den bevorzugten Lebensräumen vorkommen.
Nachdem es eine Erdhöhle gegraben hat, glättet das Weibchen die Wände und beginnt, Zellen zu bauen, in die es dann jeweils Pollen-Honig-Paste bringt, auf die es ein Ei legt, um dann die Zelle zu verschließen und weiterzuziehen und die nächste zu bauen. Zum Schluss verschließt es das Nest, verlässt es und stirbt bald darauf. Seine Brut reift von selbst heran und verlässt es im folgenden Frühjahr.

DIESE BIENE UNTERSTÜTZEN

Die Langhornbiene ist heute so selten, dass man sie nur schwer anlocken kann. Aber wenn Sie in einer Gegend leben, wo sie noch vorkommt, ist es prima, Futterpflanzen für sie anzubauen.

Die Langhornbiene hat ein besonderes Interesse für *Fabaceae* (Hülsenfrüchtler), vor allem für Wicken, einschließlich dem Echten Wundklee und der Wiesen-Platterbse, sowie Kleearten, Gewöhnlichen Hornklee und die Duftende Platterbse. Sie mögen auch Kriechenden Günsel, Brombeeren, Echten Beinwell, Heidekraut und Gundermann.

Habitat: Lassen Sie ein paar Stellen, an denen ihre wilden Futterpflanzen wachsen, von Mitte April bis Mitte Juli ungemäht und halten Sie Nestbereiche mit kahlem Boden frei.

Wiesen-Platterbse

GEWÖHNLICHE MASKENBIENE

Allein auf den Britischen Inseln gibt es 11 Arten der Gewöhnlichen Maskenbiene, und gut über 100 in den USA. Eine Besonderheit ist, dass sie auf dem Körper keine Werkzeuge zum Pollensammeln haben. Vielmehr fressen sie Nektar und Pollen, den sie im Körperinneren aufbewahren und wieder hervorwürgen, wenn sie zum Nest zurückkehren.

Der wissenschaftliche Name „communis" bezieht sich auf ihre extrem weite Verbreitung. Diese geht vor allem auf ihre unglaubliche Anpassungsfähigkeit bezüglich des Lebensraums und der Futterpflanzen zurück.

Gewöhnliche Maskenbienen sind klein und sehen mit ihren schwarzen Körpern und gelben Flecken am Kopf ein wenig wie Wespen aus. Bei dieser Art haben die Männchen ein sichtbares gelbes Dreieck auf dem Gesicht, die Weibchen ein kleineres.

♂ *Männchen*

UNGEFÄHRE GRÖSSE:
Männchen und Weibchen 4,5–6 mm

WISSENSCHAFTLICHER NAME:
Hylaeus communis

FAMILIE: *Colletidae*

WO UND WANN ZU SEHEN

Diese Biene lebt an Küsten, in Ebenen und im Gebirge und ist in Großbritannien weit verbreitet. In Europa reicht ihr Verbreitungsgebiet im Norden bis über den Polarkreis hinaus, im Süden findet man sie bis in den Libanon und den Nordiran. In den USA und in Kanada wurde sie schon als „neue exotische Art" bezeichnet.
Diese winzige Biene fliegt von Mai bis September herum und ist in vielen Lebensräumen und an vielen Blumen zu sehen. Man kann sie an Brombeerbüschen, auf Schotterwegen, im Wald, Park und Garten sowie auf verwilderten Brachflächen entdecken.

HABITAT & LEBENSZYKLUS

Nachdem die Weibchen das Nest verlassen und sich gepaart haben, beginnen sie mit der Suche nach einem Nistplatz. Sie nisten zwar gerne auf dem Boden, haben aber im Gegensatz zu vielen anderen Arten zahlreiche weitere

Möglichkeiten. Sie sind äußerst opportunistisch und nutzen vorhandene Hohlräume, indem sie ihre Nester in von Insekten gebohrten Tunneln, in Rissen in Putz oder Mörtel oder in hohlen Pflanzenstängeln bauen.

Als Mitglied der Familie der *Colletidae* (Seidenbienen) kleidet das Weibchen sein Nest mit einer nahezu magischen Substanz aus, die es ausscheidet und mit seiner Zunge aufträgt. Dies ist eine ultradünne Schicht aus Zellophan/Seide, die wasserfest ist und gegen Pilze und Bakterien schützt. Wissenschaftler sind von diesem haltbaren, hauchdünnen Material fasziniert, das in Labortests sogar intensiven Chemikalien widerstehen konnte. Das Weibchen versorgt jede Zelle mit einer Suppe aus Pollen und Nektar, legt ein Ei hinein und verschließt sie, stellt dann das Nest fertig, verschließt es als Ganzes und verlässt es.

Wenn Klima und Futter stimmen, verlässt eine erste Generation adulter Bienen rechtzeitig im August das Nest, damit sich die Weibchen mit den Männchen paaren, nisten und eine zweite Generation Eier legen, die dann überwintert.

DIESE BIENE UNTERSTÜTZEN

Die Gewöhnliche Maskenbiene ist kurzzungig, aber da sie klein ist, kann sie gut an viele Futterquellen. Auf folgenden Pflanzen kann man sie sehen: auf Allium-Arten (u. a. auf Schnittlauch, Kugelköpfigem Lauch, Lauch, Zwiebel), Herbst-Löwenzahn, Goldrute, Giersch, Rundblättriger Glockenblume, Resede, Gewöhnlichem Blutweiderich, Wilder Möhre, Schmalblättrigem Hohlzahn, Rainfarn, Disteln (auch auf Acker-Kratzdisteln und Gewöhnlichen Kratzdisteln), *Sedum* (Mauerpfeffer/Sedum), Gewöhnlichem Natternkopf, Acker-Senf, Schafgarbe.

Habitat: Der ideale Durchmesser für die Nistplätze ist ein 3 mm großes Loch, etwa in Bienenhotels oder hohlen Stängeln. Das bedeutet, dass sie in einem gut geführten Bienenhotel hausen kann. Belassen Sie alternativ schlanke, hohle Halme als Nistplätze im Garten und/oder imitieren Sie Käferbohrungen, indem Sie 3 mm große Löcher in Holzpfosten oder in Stämme eines Holzstapels für Wildtiere bohren.

Gewöhnlicher Natternkopf

GEMEINE PELZBIENE

Pelzbienen sind Solitärbienen aus der Gruppe der Apidae, mit etwa 6.000 Arten die größte der gesamten Bienenfamilie, zu denen auch alle Honigbienen, Hummeln und Stachellose Bienen gehören. Das wirft ein Schlaglicht auf die unglaubliche Vielfalt an Spezialisierungen in der Bienenwelt. Tausende und Abertausende Wildbienenarten leben in aller Stille ihr Leben, bestäuben Pflanzenarten und bilden Glieder in den Nahrungsketten von Millionen anderer Lebewesen.

♂ *Männchen*

UNGEFÄHRE GRÖSSE:
Männchen und Weibchen 13–15 mm

WISSENSCHAFTLICHER NAME:
Anthophora plumipes
FAMILIE: *Apidae*

WO UND WANN ZU SEHEN

Männliche an den Füßen behaarte Pelzbienen sind natürliche Dandys, mit dichtem, rotbraunem Pelz und kunstvoll gefiederten Beinen, mit denen sie die Weibchen anlocken. Ihre Mittelbeine sind verlängert und unterstreichen den Effekt, ebenso ein cremefarbener Pelzfleck auf dem Gesicht. Weniger extravagant gefiedert, aber ebenso dicht behaart sind die schwarzen Weibchen mit rotbraunen Beinen, hinten mit auffälligen Pollenpinseln. Da sie so stark behaart sind (weswegen sie oft fälschlicherweise für Hummeln gehalten werden), sind beide Geschlechter exzellente Bestäuber, die mit dem ganzen Körper Pollen aufnehmen.
Wälder und urbane Grünflächen sind bei diesen Bienen gleichermaßen beliebt. Die Männchen kommen früh hervor, im März oder schon im Februar. Halten Sie vor allem bei Lungenkräutern nach ihnen Ausschau. Die Weibchen verlassen das Nest ein paar Wochen später, bis Juli/August sieht man sie dann auf Futtersuche. Gemeine Pelzbienen sind im Südosten Englands und in Wales verbreitet sowie in Nordengland, Schottland und Irland. Sie kommen auch in Kontinen-

taleuropa, Nordafrika und Teilen Asiens vor. Seit den 1980er-Jahren wurden sie ebenfalls in den USA gesichtet.

HABITAT UND LEBENSZYKLUS

Auch wenn sie ein wenig wie Hummeln aussehen, haben die Männchen ein ganz anderes, hochfrequentes Summen, eine flotte Flugweise und eine ausgeprägte Fähigkeit zum Schweben. Sie verteidigen ihr Blütenrevier entschieden gegen alle Eindringlinge und patrouillieren schnell an den Nistplätzen und warten darauf, dass die Weibchen herauskommen. Dann schweben sie hinter ihnen her, um sich mit ihnen zu paaren.
Das befruchtete Weibchen sucht dann einen Nistplatz, bevorzugt an Lehm- und Tonmauern sowie nackten Erdwällen an südlich ausgerichteten Standorten oder bröckeligen Felswänden. Traditionelle Lehmwellerbauten oder kompakte Lehmböden (im Wesentlichen aus Lehm und Stroh) werden immer wieder als ideale Nistplätze für diese Bienen genannt. Dabei errichtet das Weibchen mehrere Zellen, die es jeweils mit Pollen und Nektar ausstattet, ein Ei darauflegt und dann verschließt. Wenn das Nest fertig ist, verlässt das Weibchen seine Brut und stirbt. Die neue Generation kommt dann zeitig im nächsten Frühling hervor.

DIESE BIENE UNTERSTÜTZEN

Die Gemeine Pelzbiene hat anders als viele Solitärbienen eine lange Zunge und kann damit Nahrung aus tiefen Pollenschläuchen aufnehmen.
Ebenfalls ungewöhnlich ist, dass sie bis zu 4 km vom Nest entfernt auf Futtersuche geht. An erster Stelle sucht sie auf Lungenkraut sowie auf Frühlingspflanzen wie Schlüsselblumen, Echtem Beinwell, Purpurroten, Gefleckten und Weißen Taubnesseln, danach auch auf Griechische Blaukissen, Azaleen, Borretsch, Narzissen, Stechginster, Ruprechtskraut, Rosmarin, Veilchen und Schöterich.

Habitat: Weiche Mörtelfugen in Ziegel- oder Steinbauten, Lehmwellerbauten sowie nach Süden ausgerichtete Böschungen, mit Lungenkraut oder Schlüsselblumen bepflanzt oder sehr kurz gemäht.

GEMEINE TRAUERBIENE

Diese Solitärbienenart ist ein Kleptoparasit (clepto von Griechisch/Lateinisch „stehlen"), der parasitär bei der Gattung der Anthophora (Blütenbienen) lebt, insbesondere bei der Gemeinen Pelzbiene (siehe Seite 90). Der Lebenszyklus dieser Insekten ist untrennbar miteinander verbunden – wie die vieler anderer Bienenarten mit dem der Kuckucksbienen und anderer Parasiten, die sie ausbeuten.

Diese Biene kann man aufgrund ihres pechschwarzen Körpers und der charakteristischen Flecken am seitlichen Hinterleib nicht verwechseln Die Weibchen sind etwas kleiner als die Männchen, die auf Kopf und Brust noch weiße Haare haben. Im Vereinigten Königreich gilt eine sehr ähnliche Biene, die Pracht-Trauerbiene, inzwischen als ausgestorben, da sie sich gleichzeitig wie ihr Hauptwirt, die Rotbürstige Pelzbiene, zurückgezogen hat.

♀ *female*

UNGEFÄHRE GRÖSSE:
Weibchen und Männchen: 10–13 mm

WISSENSCHAFTLICHER NAME:
Melecta albifrons

FAMILIE: *Apidae*

WO UND WANN ZU SEHEN

Die Gemeine Trauerbiene sucht von März bis Juni Orte auf, an denen Pelzbienen in großer Zahl nisten, an brüchigen Steilwänden, aber auch in städtischen Parks und Gärten. Obwohl sie nicht in der gleichen Dichte wie ihre Wirte vorkommen, sind sie im Vereinigten Königreich von den Midlands bis hinunter in den Süden und zu den Kanalinseln zu finden und wie die Pelzbienen im Norden bis nach Yorkshire und Schottland. Ihre weltweite Verbreitung entspricht der der Pelzbienen, so kommen sie in weiten Teilen Europas, in Nordafrika und im Nahen Osten bis in den Iran vor.

HABITAT UND LEBENSZYKLUS

Befruchtete Weibchen überfliegen absichtlich die Nester von Pelzbienen, beobachten sie und warten auf eine Gelegenheit, sich einzuschleichen.

Wenn ein Pelzbienen-Weibchen auf Futtersuche ausfliegt, nutzt die parasitäre Gemeine Trauerbiene die Gelegenheit, um in das Nest zu gelangen. Sie sticht eine Zelle auf und legt ihr eigenes Ei neben das der Pelzbiene und den sorgfältig eingebrachten Vorrat an Pollen und Nektar.

Wenn sich die Eier der Gemeinen Trauerbiene zu Larven verwandeln, fressen sie sofort den Zellkameraden, das Ei oder die Larve des Wirts. Nun allein, legt sich die Larve der Gemeinen Trauerbiene Fett an, bevor sie sich verpuppt. Sie überwintert und kommt im nächsten Frühling als adulte Biene hervor, wenn sich Männchen und Weibchen paaren.

Als parasitäre Art hat die Gemeine Trauerbiene keine Merkmale zum Pollensammeln auf dem Körper, ganz einfach, weil sie für ihre Jungen keine Nahrung sammeln muss. Die Pelzbiene als Wirt hat die ganze Arbeit schon erledigt und das Nest vorbereitet.

Aber die Gemeine Trauerbiene sucht für sich selbst Nektar an vielen Frühlings- und Frühsommerpflanzen. Dazu gehören Löwenzahn, Stechginster, Schöterich (*Erysimum spp.* und *Erysimum bicolor*) und Wicken.

Schöterich

'THE BIG 8'

Mit dieser Bezeichnung werden die im Vereinigten Königreich häufigsten Hummeln in Gruppen unterteilt:

1. Dunkle Erdhummel

2. Wiesenhummel

3. Hellgelbe Erdhummel

4. Steinhummel

5. Ackerhummel

6. Baumhummel

7. Gartenhummel

8. Heidehummel

HUMMELZÜCHTUNG

Die meisten Menschen wissen nicht, dass es einen etablierten internationalen Handel mit Hummeln aus Massentierhaltung gibt. Da darüber kaum berichtet wird, lässt sich nur schwer ermitteln, wie viele Nester weltweit verschifft wurden, aber die Zahl geht in die Millionen, und das seit etwa 30 Jahren.

Dabei werden mehrere verschiedene Arten gezüchtet, doch der Handel wird von zwei Arten dominiert, der Dunklen Erdhummel (*Bombus terrestris*) aus europäischen Brutstätten und der gewöhnlichen Osthummel (*Bombus impatiens*) aus den USA.

Die Hummelnester werden per Luftfracht in die ganze Welt verschickt, um Nutzpflanzen aus Gewächshäusern, vor allem Tomaten und Paprika, zu bestäuben. Eigentlich sollen die Bauern die Nester anschließend zerstören, aber natürlich gibt es für die importierten Bienen immer Wege, aus den Gewächshäusern zu entkommen und dabei Krankheiten und Parasiten zu verschleppen.

Südamerika etwa ist überflutet von der Dunklen Erdhummel aus Europa, mit negativen Folgen für viele heimische Arten, etwa für die weltweit größte Hummel, die riesige *Bombus dahlbomii*, manchmal auch „fliegende Maus“ genannt, die in den Anden lebt. Bis vor 20 Jahren, bevor die Erdhummeln kamen, war sie ein verbreitetes Insekt. Jetzt steht es mit dem Artentod auf Messers Schneide.

FAKTEN ÜBER HUMMELN

Weltweit gibt es um die 250 Hummelarten, die vor allem in den nördlichen temperierten Zonen Europas, Asiens und Nordamerikas leben. Auf der südlichen Hemisphäre kommen in Südamerika und Indonesien heimische Arten vor.
Im Vereinigten Königreich existieren 24 verschiedene Hummelarten (18 echte Hummeln und sechs parasitäre „Kuckucksarten"), in den USA 49 und auf dem europäischen Kontinent 68.
Manche Arten kommen in vielen Ländern vor, andere Arten oder Unterarten auch nur in einer kleinen Gegend. Jede hat eine typische Größe, Form und Farbe sowie ihren eigenen Lebensraum und Futtervorlieben. Aufgrund dieser Unterschiede können wir sie identifizieren, aber es gibt ein paar grundlegende Fakten, die für alle Hummeln gelten.

- Alle Hummeln gehören zu einer Gattung und haben einen wissenschaftlichen Namen, der mit *Bombus* beginnt, das aus dem Lateinischen stammt und Brummen oder Summen bedeutet.
- Hummeln haben einen rundlicheren Körper als Honigbienen und eine weiche, pelzige Behaarung. Dieser warme Mantel erlaubt es ihnen, bei kühleren Temperaturen als die Honigbienen zu arbeiten, weshalb man sie früher und später als viele andere Bienen auf Futtersuche sieht. Dafür sieht man sie selten bei extremer Hitze.
- Wie Honigbienen können auch Hummeln ihre Brustflugmuskeln zittern lassen, um Körperwärme zu erzeugen. Honigbienen halten so die Temperatur im Bienenstock in kalten Monaten auf einem gleichmäßigen Niveau. Hummeln wärmen auf diese Weise ihre Eier und nutzen den Mechanismus zur Vibrationsbestäubung (dabei geben sie klebrigen Pollen durch Vibration ab).
- Aufgrund ihres doppelten Talents zur Vibrationsbestäubung und zur Fähigkeit, bei kühleren Bedingungen zu arbeiten, sind Hummeln in wirtschaftlicher Hinsicht nützliche Bestäuberspezialisten. Man züchtet Hummelnester und verschifft sie weltweit, wobei Entweichun-

gen und achtlos weggeworfene Nester katastrophale Folgen für die heimischen Bienenpopulationen haben (siehe Seite 12–14).

- Obwohl alle Hummeln im Vergleich zu anderen Bienen langzungig sind (siehe Seite 58), unterteilt man sie in lang-, kurz- oder mittellangzungige Arten. Solche mit längeren Zungen können an mehr Pflanzenarten Futter suchen, vor allem an solchen mit tiefen oder trompetenförmigen Blüten.
- Nur weibliche Hummeln haben Stacheln, aber anders als Honigbienen können sie sie einziehen und wiederverwenden, da sie Teil ihres Fortpflanzungssystems sind.
- Hummeln sind nicht aggressiv und die Weibchen stechen selten, außer wenn sie ihre Nester verteidigen. Königinnen setzen ihre Stacheln auch gegen andere Königinnen ein, wenn sie um Nistplätze konkurrieren.
- Hummeln sind soziale Bienen. Sie leben in relativ kurzlebigen Staaten, die jedes Jahr gegründet werden, wenn junge, befruchtete Königinnen aus dem einsamen Winterschlaf erwachen. Manche Hummelarten bauen mehr als ein Nest in der Saison.
- Die sogenannten „Kuckucksarten“ (siehe Seite 21) der Hummeln bauen keine Nester und sammeln keinen Pollen, weil sie ihre Jungen nicht selbst aufziehen.
- Hummelköniginnen leben nur eine Saison lang, anders als Königinnen der Honigbienen, die mehrere Jahre alt werden können.
- Die meisten Hummelarten nisten auf oder unter der Erde und bevorzugen Stellen, die vorher von kleinen Tieren wie Mäusen bewohnt waren, die Nester aus Moos, feinem Gras, Federn und anderem weichen Material hinterlassen haben.
- Wenn eine Hummelkönigin eine geeignete Stelle gefunden hat, baut sie aus Wachs, das sie aus speziellen Drüsen ausscheidet und von ihrem Körper abkratzt, Zellen, in die sie Ei-Cluster legt und diese wärmt,

indem sie mit ihren Flugmuskeln Wärme erzeugt. Sie baut auch winzige „Vorratstöpfe“ aus Wachs, in denen sie Nektar aufbewahrt, um damit adulte Bienen zu ernähren und um ihn für die Brut mit Pollen zu mischen.

- Hummeln legen einen Pollenvorrat im Nest an und füttern damit die Larven. Langzungige Arten legen „Taschen“ an und bringen den Pollen nahe bei den Larven unter, damit sie sich selbst davon ernähren können. Hummeln mit kürzeren Zungen bewahren den Pollen in separaten Wachsgefäßen weiter von den Larven entfernt auf. Die Arbeiterinnen füttern die Larven daraus, während die Sammlerinnen die Vorräte auffüllen.

- Zuerst legt die Königin nur weibliche Arbeiterinnen, die aufwachsen, um die Arbeit des Staates zu übernehmen, einschließlich der Sorge um die Brut und der Nahrungssuche. Normalerweise verlässt die Königin das Nest nicht mehr, wenn die Arbeiterinnen vollzählig sind.

- Später in der Saison legt die Königin männliche Bienen (Drohnen) und neue Königinnen und bereitet so die Grundlagen für neue Generationen. Sobald sie fliegen können, verlassen männliche Hummeln das Nest, um für sich selbst zu sorgen.

- Hummeldrohnen versammeln sich oft und können verschiedene Verhaltensweisen anwenden, um junge Königinnen anzulocken oder sich auf sie zu stürzen. Man kann sie auch einzeln oder in Gruppen beobachten, wie sie sich von Blumen ernähren oder darauf schlafen, wo sie Nahrung, Schutz und Wärme finden.

- Wenn sich junge Königinnen mit wartenden Drohnen gepaart haben, kehren sie oft in ihr Geburtsnest zurück, um sich für den kommenden Winter zu mästen. Dann suchen sie sich selbst einen sicheren Ort zum Überwintern, den sie Monate später verlassen, um ihren eigenen Staat zu gründen.

- Die Sichtung von nicht überwinternden Hummelköniginnen in Städten wird auf den Klimawandel zurückgeführt, zudem sind Städte generell wärmer als das Land.

ANGEBUNDENE KUCKUCKSHUMMEL

Diese Hummel macht ihrem Namen Ehre, denn sie gehört zu den parasitären Arten, die ganz clever ihre Jungen von anderen Hummeln aufziehen lassen. Im Vereinigten Königreich und auf dem europäischen Festland gibt es sechs Arten von Kuckuckshummeln, weitere vier, die ausschließlich auf dem europäischen Festland leben, und 29 in den USA und Kanada.

Bei Kuckuckshummeln gibt es keine Arbeiterinnen, weil sie keine eigenen Staaten bilden, um die sie sich kümmern müssten. Die Königin und die Männchen sorgen für sich selbst, Kuckucksbienen haben auch keine Pollenkörbe an den Beinen.

♀ *Königin*

UNGEFÄHRE GRÖSSE:
Königin 15–20 mm
Männchen 11–17 mm

WISSENSCHAFTLICHER NAME:
Bombus bohemicus
FAMILIE: *Apidae*

WO UND WANN ZU SEHEN

Dies ist eine der häufigsten Kuckucksbienen Europas, sie ist in Großbritannien und ostwärts bis in die Türkei und das östliche Russland zu sehen. Sie lebt auch in Nordamerika, in Kanada sowie in den USA, im Osten und Mittleren Westen, und in Alaska (möglicherweise ist sie identisch mit einer anderen nordamerikanischen Kuckucksbiene, der *Bombus ashtoni*).
Kuckucksbienen sind oft an bestimmte Wirtsarten gebunden. Bei der Angebundenen Kuckuckshummel gilt das für drei Erdhummeln, die *Bombus magnus, B. cryptarum* und *B. lucorum*. Die Königinnen überwintern nach der Paarung und kommen dann im April/Mai nach ihren Wirtsarten hervor. So lassen sie dem potenziellen Wirt Zeit, Nester mit einer starken Arbeiterinnen-Kolonie zu bauen und den Weg für die Übernahme durch die Kuckuckshummel zu ebnen.

HABITAT UND LEBENSZYKLUS

Die Kuckuckskönigin sucht sich ihr Futter und mästet sich, damit sich ihre Eierstöcke entwickeln, und spürt dann die Nester der Zielwirte durch ihre artspezifischen Pheromone auf. Damit kann sie nicht nur potenzielle Nistplät-

ze finden, sondern auch die stärksten und brauchbarsten unter ihnen.
Dafür geht sie hinein, ahmt den Geruch nach, um sich unsichtbar zu machen, und hofft, dass die Arbeiterinnen ihr erlauben, zu bleiben. Dann tötet sie entweder die Königin oder stuft sie auf den Status einer Arbeiterin herab. In jedem Fall frisst sie heimlich viele Eier der vorherigen Königin oder wirft sie hinaus, lässt aber genügend Arbeiterinnen zurück, damit ihre eigenen Eier gut versorgt werden, nachdem sie sie abgelegt hat.
Die Kuckuckshummel dominiert das Nest durch physische Aggression und ihren Duft, der die Arbeiterinnen zusammenhält. Das Aufrechterhalten ihrer Dominanz ist überlebenswichtig. Wird sie enttarnt, revoltieren die Arbeiterinnen, legen ihre eigenen Eier und töten die Kuckucksbrut oder kümmern sich nicht um sie.
Aber wenn sie erfolgreich ist, ziehen die Wirte ihre Brut für sie auf und stellen sicher, dass die Gene der Kuckuckskönigin über ihre Söhne und Töchter weitergegeben werden.

DIESE BIENE UNTERSTÜTZEN

Kuckucksbienen zu unterstützen, die parasitär an anderen Bienennestern leben, mag seltsam wirken, aber die Angebundene Kuckuckshummel spielt eine wichtige Rolle im Ökosystem und daher sollte man die Pflanzen kennen, von denen sie sich ernährt, nicht zuletzt, weil sie auch für andere Bestäuber wichtig sind.

(Wenn sich diese Hummel in einem Wirtsstaat eingenistet hat, ernährt sie sich von allem, was man ihr bringt.)

Bäume und Büsche: Brombeeren, Heidelbeeren, Zwergmispeln, Himbeeren, Berg-Ahorn, Weiden.

Kleinere Pflanzen: Knöterich, Kriechender Günsel, Klee, Flockenblume, Löwenzahn, Heidekraut, Flockenblumen, Lavendel, Schmalblättriges Weidenröschen, Skabiosen, Disteln, wilder Thymian.

Flockenblumen

GARTENHUMMEL

Gartenhummeln haben von allen britischen Hummeln die längste Zunge – sie kann bis zu 2 cm lang sein und sehr gut auch in tiefe Blüten wie Fingerhut und Heckenkirschen eindringen. Als hervorragende Bestäuber besuchen sie bei jedem Ausflug eine Vielzahl von Blumen. Manchmal sind sie zu beschäftigt, um ihre lange Zunge wieder einzuziehen, und fliegen mit ausgestreckter Zunge herum.

Gartenhummeln haben einen längeren Kopf und schlankeren Körper als viele andere Arten. Achten Sie auf ihren leuchtend gelben Kragen und Taillenstreifen sowie den weißen Schwanz. Diese Merkmale findet man an der Königin, den Männchen und den Arbeiterinnen (wobei sie auch dunkler sein können, sodass man sie nicht so leicht erkennt).

♀ *Königin*

UNGEFÄHRE GRÖSSE:

Königin 17–20 mm

Arbeiterin 11–17 mm

Männchen 14–15 mm

WISSENSCHAFTLICHER NAME:

Bombus hortorum

FAMILIE: *Apidae*

WO UND WANN ZU SEHEN

Es wird befürchtet, dass diese Art im Verschwinden begriffen ist, weil sie an Wald-/Ackerrändern lebt, wo sie Pestiziden ausgesetzt ist. Zumindest derzeit kommt die Gartenhummel auf den Britischen Inseln, in England, Schottland und Wales bis hoch nach Orkney und auf den Shetland-Inseln vor, ebenso auf dem europäischen Kontinent, bis hin nach Nord- und Zentralasien. Sie wurde auch in Island gesichtet und hat sich in Neuseeland sowie in den USA angesiedelt.

In der nördlichen Hemisphäre kann man sie von März bis Juli entdecken. Manchmal entwickelt sie eine zweite Generation, die bis Ende September hinein zu sehen ist. Aktive Königinnen, die nicht in den Winterschlaf verfallen, wurden gelegentlich schon im Winter gesichtet, was wahrscheinlich dem Klimawandel geschuldet ist. Typischerweise sieht man Gartenhummeln auf sonnigen Wiesen, entlang von Blühstreifen und Wäldern sowie auch in Gärten. Bei der Futtersuche suchen sie mehrere Tage lang immer wieder dieselben Blütenstellen auf.

HABITAT & LEBENSZYKLUS

Gartenhummeln nisten in der Regel unter Deckung, entweder oberirdisch oder bis zu 50 cm unter der Erde, aber auch in Eimern, unter Schuppen oder in Nistkästen für andere Lebewesen. Wenn Sie ein Nest finden, stören Sie es nicht. Sie sind nicht aggressiv, ihre Staaten sind klein (bis zu 100 Bienen) und am Ende des Sommers lösen sie sich auf.

Befruchtete Königinnen verlassen ab März ihr Winterquartier und suchen sofort nach Nektar und Pollen einer Vielzahl an Pflanzen.

Wenn sie einen Nistplatz gefunden hat, bereitet die Königin das Nest vor und baut mit Wachs, den sie aus eigenen Körperzellen produziert, die Zellen, in die sie dann Cluster von acht Eiern legt. Aus dem Wachs formt sie auch winzige Töpfchen für den energiereichen Nektar. Gartenhummeln legen „Taschen" an, d. h., sie versorgen jede Zelle mit Vorrat an proteinreichem Pollen, den sie auffüllen, bis sich die Larven verpuppen.

Zuerst schlüpfen die weiblichen Arbeiterinnen, die die Sorge um die Brut, Wachsproduktion und Futtersuche übernehmen und der Königin das Legen überlassen. Später gehen sie dazu über, Männchen und zukünftige Königinnen zu produzieren.

Wenn die zukünftigen Königinnen das Nest verlassen haben und befruchtet wurden, kehren sie oft zu ihrem Staat zurück, um sich dort Nahrung zu holen. Später suchen sie sich einen Platz zum Überwintern, den sie im folgenden Frühling verlassen und ihren eigenen Staat gründen. In wärmeren Gegenden ziehen sie auch eine zweite Generation heran, dann überwintern ihre Töchter.

DIESE BIENE UNTERSTÜTZEN

Die jungen Königinnen suchen früh im Jahr Pollen und Nektar an Wild- sowie Kulturblumen. Besonders wichtige Arten sind:

Bäume und Büsche: Apfel, Brombeere, Säckelblumen (auch Kalifornischer Flieder genannt), Blut-Johannisbeere, Heckenkirsche.

Kleine Blumen: Winterling (vor allem Eisenhut), Akelei, Kriechender Günsel, Klee, Echter Beinwell, Löwenzahn, Taubnesseln (auch Gundermann und Rittersporn, vor allem Garten-Feldrittersporn), Fingerhut, Flockenblumen, Lavendel, Primeln, Disteln, Wicken.

BAUMHUMMEL

Inzwischen ist die Baumhummel in England weit verbreitet und gehört zu den „Big 8" (siehe Seite 94). Ihr Paarungsverhalten ist sehr auffällig, weshalb sie oft mit schwärmenden Honigbienen verwechselt wird.

Das Erfolgsgeheimnis der Baumhummel ist, dass sie auf vielen Pflanzen Futter sucht; sie fühlt sich auf Hochlandheiden und in Wäldern wohl, aber auch in städtischen Gärten und nistet gerne auf Bäumen. Diese Hummel ist ganz leicht zu identifizieren, denn die Königin, Arbeiterinnen und Männchen haben alle eine flauschige rotbraune Brust, ein schwarzes Hinterteil und einen großen weißen Schwanz.

♀ *Arbeiterin*

UNGEFÄHRE GRÖSSE:
Königin 15–20 mm
Arbeiterin 11 mm
Männchen 13 mm

WISSENSCHAFTLICHER NAME:
Bombus hypnorum
FAMILIE: *Apidea*

WO UND WANN ZU SEHEN

Diese Art ist in England und Wales sowie jetzt auch in Schottland und Irland heimisch. Auch in Nordeuropa und im nordöstlichen Asien ist sie verbreitet. Sie nistet in Bäumen an Waldrändern, hat sich aber auch an viele vom Menschen geschaffene Räume angepasst und besiedelt Vogelhäuser, Dachböden und Löcher in Wänden. Gelegentlich nistet sie auch in oder nahe am Boden.

Baumhummeln sieht man meist zwischen März und dem Sommerende. Ihre Königinnen gehören zu den ersten, die nach der Überwinterung auf der Suche nach einem Nistplatz ausfliegen.

HABITAT UND LEBENSZYKLUS

Baumhummeln können „doppelte Brüter" sein und zwei Generationen in einem Jahr hervorbringen. Dafür muss die ursprüngliche Königin ihre neuen Königinnen früh genug legen, damit sie vor dem Winter ausreichend Zeit für die Paarung, Nestsuche und Aufzucht des eigenen Staates haben. Aktive Königinnen kann man bis zum frühen Winter sehen.

Zu einem typischen Baumhummel-Staat gehören etwa 150 Bienen einschließlich einer Eier legenden Königin und weiblichen Arbeiterinnen, die die Jungen aufziehen. Sie bewahren den Pollen getrennt von den Larven auf und füllen den Vorrat ständig auf. Auch wenn sie nicht aggressiv sind, verteidigen Baumhummeln ihre Nester energisch, wenn sie sich bedroht fühlen. Ihr Paarungsverhalten ist charakteristisch, dabei versammeln sich tagsüber Wolken von Bienen vor den Nesteingängen, was oft als Schwärmen missverstanden wird. Bei dieser tanzenden Bienenwolke handelt es sich um hoffnungsvolle Männchen, die auf der Lauer nach jungen Königinnen liegen.

Wenn diese dann herauskommen, drängeln die Männchen, um sich mit ihnen zu paaren. Das kann aussehen, als ob sie kämpfen, weil die Königinnen sich wehren und manchmal die Männchen erstechen. Häufig werden die Bienen dabei durch die Luft geschleudert. Später kehrt die befruchtete Königin zu dem Nest zurück, in dem sie geboren wurde, und sorgt für sich selbst, bevor sie dann eventuell noch einen neuen Staat gründet oder einen sicheren Ort zum Überwintern sucht.

DIESE BIENE UNTERSTÜTZEN

Baumhummeln schätzen viele Pflanzen als Futterquelle. Frühe Pollenquellen wie Kätzchenweide sind für junge Königinnen immer wertvoll. Außerdem mögen sie folgende Pflanzen:

Bäume und Büsche: Apfel, Brombeeren, Schwarze Johannisbeeren, Säckelblumen, Kirsche, Zwergmispeln, Fuchsien, Stachelbeeren, Linden, Kätzchenweiden, Himbeeren, Rhododendron, wilde Rosenarten, Gewöhnliche Schneebeeren.

Kleinere Blumen: Winterling, Heidekraut, Schnittlauch, Echter Beinwell, Rittersporn), Fingerhut, Traubenhyazinthen, roter Klee.

Habitat: Vogelhäuschen und spezielle Nistkästen für Hummeln. Anders als viele Hummelarten können Baumhummeln ihr Territorium verteidigen, weshalb sie am besten abseits, etwa an einem Schuppen, angebracht werden.

HEIDEHUMMEL

Die geografische Verbreitung der Heidehummel ist bemerkenswert, sie kommt in Großbritannien, auf dem europäischen Kontinent sowie in Nordasien und sogar an der Beringsee an der nordpazifischen Küste vor. Sie wurde auch in Kanada und Alaska gesichtet, ebenso jenseits des Nördlichen Polarkreises in Russland und Skandinavien.

Das liebenswert ungepflegte Aussehen dieser recht kleinen, aber ausgesprochen pelzigen Biene wird als zottelig und struppig bezeichnet. An ihrem Fell (oder Flor) kann man sie gut von der gepflegteren und meist größeren Gartenhummel (siehe Seite 100) unterscheiden, mit der sie oft verwechselt wird, zumal beide einen weißen Schwanz haben.

♀ *Königin*

UNGEFÄHRE GRÖSSE:
Königin 13–15 mm
Arbeiterin 10–12 mm
Männchen 11–14 mm

WISSENSCHAFTLICHER NAME:
Bombus jonellus

FAMILIE: *Apidea*

WO UND WANN ZU SEHEN

Eine Heidehummel-Safari würde einen an erstaunliche Orte bringen, zu den britischen Besenheiden-Mooren, den grasbewachsenen Küsten-Machairs der Hebriden sowie in die Pyrenäen und tief in die Wälder Polens. In Russland findet man diese Biene in dem einzigartigen Ökosystem des borealen Nadelwaldes der Taiga in Sibirien und in der Tundra, wo der Sommer nur 6–10 Wochen dauert. Man findet sie auch in den klimatisch herausfordernden Gegenden der nördlichen USA und Kanadas.

In warmen, südlichen Regionen kommen die Königinnen im März aus dem Winterquartier, stärken sich und machen sich auf die Suche nach dem idealen Nistplatz. Ihre Tochter-Arbeiterinnen und die Männchen fliegen im April und die Tochter-Königinnen im Mai umher. Dieses Timing ermöglicht oft, dass in manchen Gegenden in einer einzigen Saison noch eine zweite Generation aufgezogen wird. In deutlich kühleren, nördlichen Regionen kommen die Königinnen später hervor, sodass im Sommer nur Zeit für eine Generation bleibt.

HABITAT & LEBENSZYKLUS

Ihrem Namen entsprechend lebt die Heidehummel meist in Heide- und Moorlandschaften, aber auch in küstennahen Sumpfgebieten und an Dünen, Kreidegrasland sowie in städtischen Gärten und Parks. Aber wie man an ihrer großen Verbreitung sieht, kann sie sich über lange Zeit an verschiedene globale Bedingungen anpassen.

Heidehummel-Königinnen bevorzugen Nistplätze, wo sie das Nest in dichter Vegetation vergraben können. Manchmal suchen sie auch hoch gelegene Stellen auf, etwa Vogelhäuser, verlassene Eichhörnchen-Kobel oder Hohlräume an Dächern.

Die kurzzungigen Heidehummeln sammeln bei zahlreichen Pflanzen Nektar und Pollen. Im Nest ernähren sich die adulten Bienen vom Nektar, während der Pollen in Wachstöpfen aufbewahrt wird; damit füttern die Arbeiterinnen dann die Brut.

Heidehummeln haben einen kurzen Staaten-Zyklus, was es ihnen erleichtert, im selben Jahr eine zweite Generation aufzuziehen. Ihre Nester sind meist klein, manchmal leben darin nur etwa 50 Arbeiterinnen. Sobald die Männchen die Kolonie verlassen haben, um für sich selbst zu sorgen, führen sie intensive Patrouillen durch, indem sie Blätter und Zweige mit Duftstoffen markieren, um die noch nicht gepaarten Königinnen anzulocken, wenn sie aus dem Nest kommen. Nach der Befruchtung sammeln die neuen Königinnen weiter Futter, um sich auf die einsame Überwinterung vorzubereiten. (Wie üblich bei Bienen sterben die Männchen, sobald ihr Job – die Befruchtung – erledigt ist.)

DIESE BIENE UNTERSTÜTZEN

Heidehummeln ernähren sich hauptsächlich von Heidepflanzen, die zu ihren kurzen Zungen passen.

Bäume und Büsche: Brombeeren, Preiselbeeren, Rhododendron, Weiden.

Kleinere Blumen: Graue und Besenheide, (*Erica spp.* und *Calluna*), Gewöhnlicher Hornklee, Klee, Löwenzahn, Taubnesseln, Augentrost, Flockenblume, Steinklee, Gewöhnlicher Blutweiderich, Skabiosen, Karden, Disteln, Thymian, Gewöhnlicher Natternkopf.

Habitat: Nistkästen sind für diese Art interessant (siehe Seite 130) ebenso wie ruhige, abgelegene Orte, etwa vernachlässigte Stellen im Garten.

STEINHUMMEL

Die Natur ist unerbittlich. Die Arbeiterinnen der Steinhummel fressen manchmal die Eier ihrer eigenen Königin, aber auch diese frisst zuweilen deren Eier, wenn die Arbeiterinnen fruchtbar wurden, nachdem die Dominanz der Königin nachgelassen hat.

Die Königinnen sind deutlich größer als die Männchen und Arbeiterinnen, aber sie sind alle gut an ihrem samtig schwarzen Körper und leuchtend roten Schwanz zu erkennen. Die Männchen haben auch einen leuchtend gelben Kragen, manchmal auch einen schicken Schnurrbart.

♂ *Männchen*

UNGEFÄHRE GRÖSSE:
Königin 20–22 mm
Arbeiterin 11–16 mm
Männchen 14–16 mm

WISSENSCHAFTLICHER NAME:
Bombus lapidarius
FAMILIE: *Apidae*

WO & WANN ZU SEHEN

Diese Hummeln sind in Großbritannien und Irland weit verbreitet und dehnen sich nun auch bis nach Schottland aus. Auch in Mitteleuropa kommen sie oft vor und sind im Süden sogar in Griechenland und im Norden in Finnland gesehen worden.

Der Beiname *lapidarius* wird mit Steinen und Edelsteinen in Verbindung gebracht und soll auf den leuchtend roten Schwanz dieser Art hinweisen. Diese Hummel ist ziemlich groß, man kann die Königinnen im zeitigen Frühling auf Futtersuche beobachten, manchmal bereits im März. Anfang April sieht man sie im Tiefflug, wie sie akribisch mögliche, meist unterirdische Nistplätze untersuchen. Von Juni an sind dann sowohl junge Männchen als auch Weibchen unterwegs. Im Juli und August kann man auch Männchen auf ihren Balzplätzen patrouillieren sehen.

HABITAT & LEBENSZYKLUS

Steinhummeln leben in Graslandschaften, im Unterholz, auf Brachflächen und offenen Wäldern. Aber sie haben sich auch an urbane Gegenden angepasst, sodass ihre Nistplätze in

Löchern, die zuvor von anderen Säugetieren bewohnt waren, auf kurzem Gras, nackter Erde, in kleinen Vertiefungen im Boden, Vogelkästen und in oder bei Ziegeln oder Beton sein können, wo sie wahrscheinlich die gespeicherte Wärme genießen.

Die Größe einer Kolonie variiert, aber in größeren können auf dem Höhepunkt der Saison im Juli/August bis zu 300 Arbeiterinnen leben. Wenn die Kolonie am Ende des Sommers zusammenbricht, können die Pheromone der Königin, die normalerweise die Eierstöcke der Arbeiterinnen unterdrücken, nachlassen. Ihre nicht befruchteten Arbeiterinnen-Töchter versuchen dann, ihre Eier zu fressen und legen stattdessen eigene, aber sie können keine lebensfähige Kolonie aufbauen (weil sie nicht gepaart sind) und nur männliche Eier legen. Ebenso bemerkenswert ist das männliche Patrouillieren. Während sie darauf warten, dass die junge Königin das Nest verlässt, patrouillieren die Männchen regelmäßig davor auf und ab und setzen Duftmarken auf dem von ihnen angelegten Paarungsweg. Bis zu 20 Bienen können sich einer Patrouille anschließen, aber dennoch erfolgt die Paarung in einem wilden Durcheinander.

Frisch befruchtete Königinnen überwintern dann in lockerer Erde. Im folgenden Frühling kommen sie hervor und ernähren sich besonders an Löwenzahn und Atlantischen Hasenglöckchen, um sich für die Nestsuche, den Nestbau und die Brutaufzucht zu rüsten.

DIESE BIENE UNTERSTÜTZEN

Wie so viele andere Bestäuber erfreuen sich diese vergleichsweise kurzzungigen Hummeln an Gartenkräutern, etwa Schnittlauch, Thymian, Salbei, Lavendel, Borretsch und Majoran. Aber auch an Ackerbohnen und Rapspflanzen sowie folgenden Futterpflanzen:

Bäume und Büsche: Apfel, Berberitze, Kirsche, Schlehe, Brombeere, Ginster, Säckelblume/Kalifornischer Flieder, Blut-Johannisbeere, Hebe, Goldregen, Mahonien, Weiden.

Kleinere Blumen: Astern, Graue Heide, Gewöhnlicher Hornklee, Atlantisches Hasenglöckchen, Kletten, Fleißige Lieschen, Scharfer Hahnenfuß, Klee, Echter Beinwell, Klatschmohn, Krokus, Löwenzahn, Taubnesseln, Flockenblumen, Skabiosen, *Sedum*, einfachblühende Dahlien, Johanniskraut, Karden, Disteln, Strauchlupine, Veilchen, Gewöhnlicher Natternkopf, Schöteriche.

ACKERHUMMEL

Ackerhummeln „kämmen" mit den Borsten an ihren Beinen weiche Materialien wie Moos und getrocknetes Gras zusammen, um damit und mit Wachs ein gut strukturiertes und isoliertes Nest zu bauen. So richten sie einen wohligen Schutz für die Brut ein, in dem die richtige Nesttemperatur konstant gehalten werden kann.

Diese hübsche Hummel mit dem rotbraunen Pelz gehört zu den frühen Arten, die man aber auch noch spät im Jahr sehen kann, wenn die jungen Königinnen im November vor der Überwinterung Futter sammeln.

♀ *Arbeiterin*

UNGEFÄHRE GRÖSSE:
Königin 13–17 mm
Arbeiterin 8–13 mm
Männchen 11 mm

WISSENSCHAFTLICHER NAME:
Bombus pascuorum
FAMILIE: *Apidea*

WO UND WANN ZU SEHEN

Diese Gartenhummel ist weit verbreitet und kommt in ganz Großbritannien und Irland ebenso oft vor wie auf dem europäischen Festland. Die befruchteten Königinnen verlassen im April oder Mai das Winterquartier, dann kann man sie in der Nähe ihrer Nistplätze und auf Futtersuche beobachten. Diese recht langzungige Hummel gehört zu den polylektischen Arten, die auf vielen Pflanzen nach Nahrung suchen. Sie bevölkert ein breites Spektrum an Habitaten, ländliche wie urbane, Gärten, Wiesen, Weiden, Wälder und Heidelandschaften. Es ist zwar nicht ganz geklärt, ob sie in einer Saison eine zweite Brut aufzieht, aber die Tatsache, dass man sie noch im Oktober/November auf Futtersuche sieht, spricht dafür.

HABITAT & LEBENSZYKLUS

Die Ackerhummel nistet gerne auf oder dicht über dem Boden und wählt Nistplätze unter Hecken oder in Blätterhaufen, an moosigen Stellen oder in Büscheln von ungemähtem Gras. Sie sind anpassungsfähig und manche Königinnen nisten an verlassenen Mauselöchern dicht an der Bodenoberfläche oder auch an höher gelegenen Stellen wie in verlassenen Vogelnestern.

Wenn sie einen geeigneten Nistplatz gefunden hat, webt die Königin aus trockenem Gras, Moos und anderem weichen Material ein kleines, tiefes Nest. Darin baut sie ihre Wachstöpfe, in die sie jeweils fünf bis 15 Eier legt. Die Arbeiterinnen übernehmen dann die harte Arbeit der Futtersuche und Brutpflege, während sich die Königin auf das Eierlegen konzentriert. Mit Wachs konstruieren sie winzige Wachstöpfchen und füllen sie mit Nektar, der als Futter für die adulten Bienen dient. Im August findet die Befruchtung statt, im folgenden Frühjahr schlüpfen dann die jungen Hummeln und ein neuer Zyklus beginnt.

DIESE BIENE UNTERSTÜTZEN

Die Königinnen sind Hauptbestäuber von Obstbäumen. Sie mögen auch Gartenkräuter wie Lavendel, Minze, Thymian, Katzenminze, Verbene und Rosmarin.

Bäume und Büsche: Apfel- und viele andere Obstbäume, u. a. Schlehe, Brombeere, Kirsche, Blut-Johannisbeere, Himbeere. Außerdem Berberitze, Stechginster, Hibiskus, Gewöhnliche Rosskastanie, Jasmin, Flieder, Mahonien, Rhododendron, Gewöhnliche Schneebeere, Weigelie.

Kleinere Blumen: Kriechender Günsel, Gewöhnlicher Hornklee, Echter Beinwell, Löwenzahn, Purpurrote und Weiße Taubnesseln, Klee, Fingerhut, winterharter Storchschnabel/Geranie, Heidekraut, Flockenblumen, Berg-Astern, Skabiosen, *Sedum* (Mauerpfeffer), Disteln, Wicken, Gewöhnlicher Natternkopf.

WIESENHUMMEL

Diese kleine Hummel gehört zu den ersten, die im Frühling aus dem Nest kommen. Sie ist auch eine der Arten, von denen man weiß, dass die Königinnen das Nest eher durch physisches Verhalten als durch Pheromone kontrollieren, indem sie die Arbeiterinnen durch Beißen und aggressive Kopfstöße in Schach halten.

Wiesenhummeln, vor allem die Männchen, haben eine lange, stoppelige Behaarung, wodurch ihr Körper besonders rundlich und flauschig wirkt. Als langzungige Art ernähren sich die Wiesenhummeln von einer großen Bandbreite an Pflanzen, sowohl von Früh- als auch Spätblühern.

♂ *Männchen*

UNGEFÄHRE GRÖSSE:
Königin 13 mm
Arbeiterin 10 mm
Männchen 10 mm

WISSENSCHAFTLICHER NAME:
Bombus pratorum
FAMILIE: *Apidae*

WO UND WANN ZU SEHEN

Wiesenhummeln sind in vielen urbanen und ländlichen Gegenden zu Hause, in Büschen, Wäldern, an Straßenrändern, in küstennahen Sumpfgebieten, Gärten und auf Brachflächen. Vernachlässigte oder verwilderte Stellen mit vielen wild wachsenden Brombeersträuchern sind perfekt für sie.
Diese Biene findet man in ganz Großbritannien, auch in vielen anderen europäischen Ländern, im Mittelmeerraum, in der Arktis sowie in der Türkei und in Iran. Königinnen kann man in wärmeren Regionen schon im Februar sehen. Ein früher Start ermöglicht gelegentlich zwei oder sogar drei Nistzyklen im Jahr, sodass man sie in wärmeren Gegenden bis in den Oktober hinein entdecken kann.

HABITAT & LEBENSZYKLUS

Wiesenhummeln sind unglaublich anpassungsfähig und erfinderisch, sie nisten über oder unter der Erdoberfläche, in Erdlöchern von Nagetieren, Vogelhäuschen, an Dächern, in Büschen und auch ungewöhnlichen Stellen, etwa in Vorratsschuppen.

Ihre kleinen Nester beherbergen meist etwa 100 Bienen. Als kurzzungige Art legen sie Pollenvorräte in winzigen Wachstöpfchen an, mit denen die Arbeiterinnen die Brut füttern.
Diese Hummel ist der Hauptwirt für die parasitäre Königin der Wald-Kuckuckshummel, die die Arbeiterinnen der Wiesenhummel dazu bringt, ihre Jungen für sie zu füttern und aufzuziehen (siehe zur Technik der Angebundenen Kuckuckshummel Seite 98).
Wiesenhummeln sind auch dafür bekannt, dass sie Nektar von Blüten wie dem Beinwell rauben, die zu tief für eine kurze Zunge sind. Dafür beißen sie einfach ein Loch in die Unterseite der Blüten und haben so schnellen Zugang zu dem zuckerhaltigen Nektar. Die ebenfalls kurzzungigen Honigbienen nutzen dann oft dasselbe Loch. Dabei bestäuben die Bienen die Pflanze nicht direkt, aber die kleinen Bewegungen, durch die bei ihrem Besuch der Pollen gelockert wird, reichen für eine Bestäubung aus.

DIESE BIENE UNTERSTÜTZEN

Da diese Art so früh das Nest verlässt, ist sie auf frühe Futterpflanzen angewiesen. Kätzchenweiden sind überlebenswichtig für sie und viele andere Bienen, die in der Übergangszeit zwischen Winter und Frühling Pollen benötigen. Mahonien sind weitere hervorragende frühe Pollenquellen, ebenso Japanische Kamelien und Nieswurz.

Bäume und Büsche: Brombeeren, Schlehe, Kirsche, Zwergmispel, Blut-Johannisbeere, Hebe, Nieswurz, Japanische Kamelie, Himbeeren, Rhododendron, Mahonien, Schneeball, Weide.

Kleinere Blumen: Astern, Graue Heide, Klee, Echter Beinwell, Taubnesseln, Gewöhnlicher Teufelsabbiss, Gundermann, winterharter Storchschnabel/Geranie, Lungenkraut, Wicken.

Habitat: Wilde, mit Brombeeren bewachsene Flächen bieten Schutz und Futter.

Kätzchenweide

DUNKLE ERDHUMMEL

Dunkle Erdhummeln kommen in der Natur vor, werden aber auch kommerziell gezüchtet, um Nutzpflanzen in Gewächshäusern zu bestäuben. Entkommene Hummeln haben sich als invasive Art etwa in Chile, Argentinien, Japan und Tasmanien ausgebreitet und dabei oft heimische Bienen verdrängt. Sie sind nicht vom Aussterben bedroht und werden manchmal für die Forschung genutzt (siehe Seite 31–32).

Seltsamerweise hat nur die Königin einen pelzigen Schwanz. Sie ist auch ziemlich groß und daher leicht zu erkennen. Ihre Arbeiterinnen und die Männchen haben hellere Schwänze, weshalb sie nur schwer von den Hellgelben Erdhummeln zu unterscheiden sind.

♀ *Königin*

UNGEFÄHRE GRÖSSE:
Königin 18–20 mm
Arbeiterin 11–16 mm
Männchen 14–16 mm

WISSENSCHAFTLICHER NAME:
Bombus terrestris
FAMILIE: *Apidea*

WO UND WANN ZU SEHEN

Diese Bienenart ist ziemlich anpassungsfähig und sowohl in städtischen als ländlichen Gebieten zu Hause. In Südengland ist sie weit verbreitet und dehnt sich nach Wales über die Midlands und hoch bis in den Norden Schottlands aus. Auch in Irland kommt sie oft vor. Abgesehen von vielen Ländern, in die sie über den Handel als Bestäuber gebracht wurden, lebt sie als heimische Art in Mittel- und Südeuropa und weiter ostwärts bis nach Afghanistan. Im Norden ist sie bis nach Helsinki und dem sibirischen Altaigebirge verbreitet.

Königinnen kommen Ende Februar hervor, ihre ersten Arbeiterinnen gehen im April auf Futtersuche. Die ersten Männchen und neuen Königinnen kann man Ende Mai sichten. Diese Art ist nicht nur in der Lage, eine zweite Generation im selben Jahr heranzuziehen, sondern manchmal sogar eine dritte, weshalb man sie noch bis in den Oktober oder sogar an warmen

Wintertagen auf Futtersuche sieht.

Befruchtete Königinnen suchen Nistplätze meist an Hecken oder Grasstreifen, indem sie dicht über dem Boden fliegen. Man sieht sie auch auf Böden in Schuppen, an Ufern von Gewässern, in offenen Wäldern und sogar an Efeu. Sie mögen auch ungemähte Wiesen, sind aber bei der Standortwahl äußerst flexibel.

HABITAT UND LEBENSZYKLUS

Dunkle Erdhummeln legen große Kolonien in Nestern an, die oft über abwärtsführende, bis zu 2 m lange Tunnel zugänglich sind, die sie mit einem Baldachin aus Wachs und Pollen versehen haben. Wächterbienen patrouillieren durch die Tunnel, um Alarm zu schlagen und eine Wolke von Arbeiterinnen aus dem Nest zu schicken und so potenzielle Eindringlinge oder Raubtiere abzuwehren.
Sie haben kurze Zungen und bewahren den Pollen für die Brut in Wachstöpfchen auf. Wie bei allen Hummeln stammt das Wachs für den Nestbau zuerst aus dem Körper der Königin, später auch von ihren Töchter-Arbeiterinnen. Es wird zu Gefäßen für Nektar und Pollen verarbeitet und auch zum Aufbau und zur Vergrößerung der Zellen verwendet, wenn die Larven wachsen. Wenn diese geschlüpft sind, werden sie für neue Zellen und Gefäße verwertet.
Dunkle Erdhummeln sind dafür bekannt, dass sie Nektar von tief liegenden Blüten wie Geißblatt und Ackerbohnen sammeln, da ihre Zungen zu kurz sind, um sie auf herkömmliche Weise zu erreichen. Dafür beißen sie einfach ein Zugangsloch in die Blüte, das auch von anderen Hummeln und Honigbienen genutzt werden kann. Obwohl dadurch die klassische Pollenübertragung über den Bienenkörper umgangen wird, gehen Forscher davon aus, dass durch das Schütteln der Blüte während des Trinkens oft trotzdem eine Bestäubung stattfindet.
Befruchtete Königinnen überwintern allein in einer Vielzahl von Plätzen unter der Erde oder ziehen eine Generation auf, die überwintert.

DIESE BIENE UNTERSTÜTZEN

Wegen ihrer relativ kurzen Zungen brauchen die Dunklen Erdhummeln leicht zugängliche Blüten. Früh und spät blühende Sträucher sind für sie überlebenswichtig, ebenso verschiedene Frühlings-, Sommer- und Herbst-Kulturpflanzen. Wildpflanzen sind gleichfalls wichtig – Mittlerer Wegerich, Schwarznessel, Natternkopf-Bitterkraut, Sumpf-Ziest, Purpur-Leinkraut. Auch viele andere Bienenarten mögen sie.
Im Küchengarten fliegen die Bienen Borretsch, Schnittlauch, Rosmarin, Majoran, Lavendel und Salbei an. Sie sind auch Bestäuber von Nutzpflanzen wie Leinsamen und Gewächshaus-

tomaten. Dies sind weitere Pflanzen, die für diese sehr anpassungsfähigen Hummeln nützlich sind:

Bäume und Büsche: Brombeere, Schlehe, Ginster, Schmetterlingsflieder, Säckelblume (oder Kalifornischer Flieder), Kirsche, Roter Hartriegel, Blut-Johannisbeere, blühender Efeu, Stechginster, Hebe, Mahonien, Malven, Liguster, Rhododendron, Gewöhnliche Schneebeere, Gamander (*Teucrium*, Weiden, Fleischbeeren), Wohlriechende Heckenkirsche.

Kleinere Blumen: Begonien, Gewöhnlicher Hornklee, Kriechender Günsel, Kletten, Klee, Krokus, Echter Beinwell (*Symphytum officinale* und andere), Narzissen, Löwenzahn, Taubnesseln, Echinacea, winterharter Storchschnabel, Heidekraut (*Erica spp.* und *Calluna*), Flockenblume, Berg-Aster, Rainfarn-Phazelie, Skabiosen, *Sedum* (Mauerpfeffer), Disteln, Strauchlupine, Wicken, Gewöhnlicher Natternkopf.

Habitat: Am meisten hilft es, wenn Sie passende Futterpflanzen für diese Bienen anbauen und an ein paar Randstellen im Garten nackte Erde oder Magerrasen lassen. Sonnige Ufer und Bereiche in der Nähe von Brennnesselbeeten oder Hecken sind beliebte Nistplätze der Königinnen. Manchmal suchen sie sich aber auch einfach einen Platz in einer Scheune oder einem Schuppen. Auf Seite 24 lesen Sie, was zu tun ist, wenn man ein Hummelnest entdeckt.

Wilde Karde

HONIGBIENENARTEN

Oft heißt es, dass es sieben Arten von Honigbienen gibt (manche haben auch schon bis zu 11 vorgeschlagen), von denen nur die Westliche Honigbiene (siehe nächste Seite) auf signifikante Weise weltweit verbreitet ist. Hier sind noch sechs andere Arten aufgelistet. Sie sind alles wertvolle Bestäuber, ihre soziale Organisation und ihr Lebenszyklus sind weitestgehend identisch, unterscheiden sich jedoch in Details.

Apis cerana, **ÖSTLICHE HONIGBIENE**, in Süd- und Südost-Asien verbreitet. Kann sowohl wild als auch gezüchtet vorkommen.

Apis dorsata, **RIESENHONIGBIENE,** lebt wild in den Wäldern Süd- und Südostasiens. Bei der *Apis laboriosa*, der Kliffhonigbiene, handelt es sich um eine berühmte Unterart.

Apis florea, **ZWERGHONIGBIENE,** wird gelegentlich von Menschen gezüchtet, lebt aber meist wild in Süd- und Südostasien sowie in einigen afrikanischen Ländern.

Apis andreniformis, **ZWERGBUSCHBIENE**, manchmal gezüchtet, aber meist wild in tropischen und subtropischen Regionen Südostasiens lebend.

Apis koschevnikovi, **ASIATISCHE ROTE HONIGBIENE**, lebt wild in den tropischen Wäldern auf Borneo.

Apis nigrocincta, **SCHWARZ GEBÄNDERTE HONIGBIENE** kommt auf den Philippinen und in Indonesien vor.

Die über 500 Arten der Stachellosen Bienen (*Meliponini*) zählt man nicht zu den echten Honigbienen, obwohl sie mit ihnen eng verwandt sind. Manchmal werden sie gezüchtet, sie leben aber hauptsächlich wild in tropischen und subtropischen Regionen Australiens, Afrikas, Südostasiens sowie Zentral- und Südamerikas.

WILDE HONIGBIENE

Die Mehrzahl der Honigbienen sind Westliche oder Europäische Honigbienen (Apis mellifera), die in von Menschen angelegten Bienenstöcken gehalten werden. Aber sie sind in vielen Ländern auch noch wild lebend anzutreffen. Denn die Honigbienen sind nach wie vor in erster Linie mit den Bäumen verbunden, mit denen sie sich über Millionen von Jahren gemeinsam entwickelt haben. Bäume bieten ihnen Nahrung und ideale Nistplätze, die für traditionelle Räuber wie Bären unerreichbar sind. Bei einigen wild lebenden Honigbienen handelt es sich um verwilderte Bienenvölker, die sich der menschlichen Bewirtschaftung entzogen haben, bei anderen um viel ältere Stämme, die schon immer wild gelebt haben.

♂ *Arbeiter*

UNGEFÄHRE GRÖSSE:
Königin 18–20 mm
Arbeiterin 10–15 mm
Männchen (Drohne) 15–17 mm

WISSENSCHAFTLICHER NAME:
Apis mellifera (Western, or European, Honeybee)

FAMILIE: *Apidae*

WO UND WANN ZU SEHEN

Trotz ihres Namens deuten jüngste Genomsequenzierungen darauf hin, dass die Westliche Honigbiene ihren Ursprung in Asien hat, von wo aus sie sich im Laufe der Zeit weit verbreitet hat. Sie ist die anpassungsfähigste aller Bienenarten, was die Futtervorlieben betrifft, weshalb sie in vielen Gegenden ein effizienter Bestäuber ist. Aus diesem Grund wurde sie von Menschen über die ganze Erde transportiert und ist unsere am weitesten verbreitete Honigbienenart, die auf jedem Kontinent, außer in der Antarktis, vorkommt. Es gibt mehr als 40 spezialisierte Unterarten, die sich an unterschiedliche Klimazonen und Futterbedingungen angepasst haben. So hat sich etwa die *Apis mellifera sahariensis*, die Saharabiene, so entwickelt, dass sie viel weitere Wege für die Nahrungssuche auf sich nimmt als andere Bienen, um in ihrer ziemlich kargen Umgebung zu überleben.

HABITAT UND LEBENSZYKLUS

In der freien Natur nisten die meisten Honigbienen gerne hoch oben in Bäumen, aber die Westliche Honigbiene kann kreativ werden und wilde Kolonien in Schornsteinen, Dach- und Wandhöhlen und anderen vom Menschen geschaffenen Hohlräumen gründen, wenn sie sonst keine geeigneten Nistplätze findet.

Das Herz jeder Kolonie ist die Königin, die mehrere Jahre leben kann. Im Nest leben außerdem ihre kürzer lebenden Töchter (die Arbeiterinnen) und Söhne (Drohnen). Auch ein paar junge Königinnen können dabei sein, die in speziellen Zellen untergebracht sind und eine reichhaltige Nahrung, das Gelée Royale bekommen, das Ammenbienen aus einer Drüse in ihrem Kopf produzieren. Obwohl ein Bienenvolk aus Tausenden von Individuen besteht, ist es im Grunde eine einzige Einheit, die durch die einzigartigen Pheromonausscheidungen der Königin zusammengehalten wird.

Eine Bienenkönigin begibt sich auf einen einzigen Paarungsflug, bei dem sie sich mit zahlreichen Drohnen paart, bevor sie mit einem lebenslangen Vorrat an Spermien zum Nest zurückkehrt. Die Drohnen sterben nach der Paarung. Nach der Befruchtung legt die Königin auf dem Höhepunkt der Saison täglich Tausende von Eiern. In der nördlichen Hemisphäre beginnt die Legerate nach der Sommersonnenwende (in der Regel am 21. oder 22. Juni) zu sinken, da sich die nun schrumpfende Kolonie auf die Entbehrungen des Winters einstellt.

In der streng geordneten Gesellschaft der Honigbiene ist jede Arbeiterin ein Weibchen, das in den Wochen zwischen der Geburt und dem letzten Lebensabschnitt, in dem es zum Sammeln von Nahrung ausfliegt, eine Reihe von vorbestimmten Aufgaben erfüllt. Im Bienenvolk gibt es viele auf bestimmte Aufgaben spezialisierte Arbeiterinnen, etwa die Dienerinnen der Königin (die sie pflegen und füttern, sie beim Legen anleiten und ihre Ausscheidungen entfernen), Ammenbienen, die sich um die Brut kümmern, Wassersammlerinnen, Leichenbienen, die die Toten entfernen, und Wächterinnen, die vor dem Nest patrouillieren.

Das Wachs, mit dem die Waben gebaut werden (in die die Königin die Eier legt und wo Honig und Pollen aufbewahrt werden), wird aus den Körpern der jungen Arbeiterinnen ausgeschieden und von ihren Schwestern zu sechskantigen Zellen verarbeitet und geformt. Drohnen (männliche Bienen) arbeiten nicht in dem Staat selbst; die meisten, die sich nicht paaren, werden schließlich von ihren Schwestern getötet.

Vom Nest fliegen Kundschafterinnen aus, um die besten Futterquellen zu finden. Sie kehren zurück, um mit ihren Schwestern zu kommunizieren, wobei sie die Wachswabe als Tanzfläche und Vibrationssender nutzen, um Richtungen und Entfernungen zu „tanzen" (der berühmte Schwänzeltanz, der auch für andere Kommunikationszwecke zwischen den Bienen genutzt wird). Die Sammlerinnen folgen den Anweisungen, um Nektar, Pollen und Harz zu sammeln. Wenn nötig, bringen sie auch Wasser zum Nest, aber dies wird niemals als Vorrat gehalten.

Die gesammelten Pflanzenharze werden von den Bienen in Propolis verwandelt, eine nahezu magische Substanz, mit der sie sich selbst behandeln und ihr Nest verstärken. Der ins Nest gebrachte Nektar wird zu Honig konzentriert, von dem der größte Teil in den Waben aufbewahrt wird, um die Kolonie tage-, wochen- oder gar monatelang zu ernähren, wenn es kein Futter gibt oder wenn schlechtes Wetter sie daran hindert, auszufliegen. Der Vorratspollen wird mit Darmenzymen der Bienen und ein wenig Nektar zu einem fermentierten „Bienenbrot" gemischt. Es wird ebenfalls in den Wabenkammern aufbewahrt, damit die Arbeiterinnen damit die Larven füttern können.

Honigbienen überwintern nicht, bei Temperaturen unter 10 °C fliegen sie nicht aus. Um ihre Königin geschart und von ihrem Honigvorrat genährt, halten sie innerhalb des Schwarms eine konstante Kerntemperatur von mindestens 27 °C aufrecht, indem sie ihre Brustmuskeln „zittern" lassen, um Wärme zu erzeugen.

DIESE BIENE UNTERSTÜTZEN

Auch wenn die meisten Honigbienenarten relativ kurze Zungen haben, sind sie anpassungsfähige Generalisten, vor allem die Westliche Honigbiene. Am liebsten suchen sie an blühenden Bäumen, Sträuchern und Stauden Futter, aber sie können auf ziemlich alles zugreifen, was ihnen zugänglich ist. Während viele andere Wildbienenarten an ein paar wenige Blumenarten gebunden sind, können Honigbienen Futter an zahllosen potenziellen Nektar- und Pollenquellen suchen (Eine kürzlich entnommene Honigprobe aus unseren Bienenstöcken im Lambeth Palace in London ergab 83 verschiedene Pollen.)
Dieser Erfindungsreichtum und diese Anpassungsfähigkeit ist ein generelles Merkmal von Honigbienen, aber wo es nur wenige oder gar keine Blütenquellen gibt, geraten sie mit anderen spezialisierten Wildbienen in Konkur-

renz. Diese Konkurrenz ist unbestritten, aber ihr wahres Ausmaß ist nach wie vor Gegenstand oft heftiger Debatten zwischen Imkern und Naturschützern, wobei sich Wissenschaftler auf beiden Seiten einbringen. Die Futtervorlieben der Bienen in Bienenstöcken können auch die Umwelt verändern, wenn sie bestimmte Pflanzenarten durch häufige Bestäubung künstlich fördern, und das ist für Wildbienen und andere heimische Wildtiere möglicherweise nicht gut.

Um wilde oder Zucht-Honigbienen zu ernähren, sollten Sie blühende Bäume und Sträucher pflanzen, wo immer Platz dafür ist, und/oder viele Stauden. Sie sind die wichtigsten Quellen, die die Honigbienen für ihre Ernährung wählen, denn sie sind blütentreu und suchen bei jeder Futtersuche nur eine Pflanzenart auf.
Wenn man kleinere Blütenquellen derselben Art in Gruppen anpflanzt, imitiert man die Blütendichte blühender Bäume und Sträucher und ermöglicht den Bienen, wertvolle Energie zu sparen. Pflanzen Sie so, dass Ihre Pflanzen nacheinander blühen, damit die Bienen das ganze Jahr über so viel Nektar und Pollen wie möglich zur Verfügung haben. Dies kommt auch zahlreichen anderen Bienenarten zugute, die früh und spät auf Futtersuche sind.

Stellen Sie auch eine Wasserquelle bereit. Honigbienen brauchen viel davon und bevorzugen schmutziges Wasser, sodass man keinen Aufwand betreiben muss (siehe Seite 157).

Brombeere

KAPITEL 5

UMGANG
mit Bienen

UMGANG MIT BIENEN

Als wir in London lebten, hatte unser Honig-Hauptquartier eine Tür zur Straße, und die Leute kamen oft vorbei, um sich Rat zu holen. Eines Morgens stand dort ein kleiner Junge. Zwischen seinen Händen hielt er eine müde Biene, die er draußen gefunden hatte und fragte sich, ob sie vielleicht wiederbelebt werden könnte.

Mir lag auf der Zunge zu sagen: „Das ist sehr traurig, aber Bienen werden abgenutzt und sterben", aber er war so hoffnungsvoll, dass ich ihn bat, sie mir zu zeigen. Er öffnete seine Hände und zeigte mir ... eine tote Stubenfliege. Ich nahm sie vorsichtig und entschied mich, nicht zu erklären, dass es keine Biene war und sagte ihm zu, mein Bestes zu versuchen. Manchmal ist es so einfach besser.

SPONTANE BEGEGNUNGEN

WIE MAN EINER BIENE WIEDER AUF DIE BEINE HILFT

Wenn man eine Biene auf der Erde findet, muss man nicht automatisch intervenieren. Wenn sie tot ist, ist sie tot, aber wenn sie lebt, lassen Sie sie eine Weile, vielleicht ruht sie sich einfach nur aus. Wissenschaftler haben festgestellt, dass gesunde Bienen, vor allem Hummel-Königinnen, oft bis zu 45 Minuten lang auf der Erde ruhen. Aber wenn sich die Biene an einem riskanten Ort befindet, können Sie sie vorsichtig auf eine Blume setzen. Wenn Sie nach einer gewissen Zeit immer noch Sorge um die Biene haben, sollten Sie Folgendes tun:

Bitte geben Sie nie, wirklich niemals einer müden Biene Honig, denn er könnte Krankheitserreger enthalten, die für die Biene fatale Folgen haben (nicht jedoch für Menschen), und sie könnten sich, wenn sich die Biene erholt hat, ausbreiten.

Bereiten Sie lieber einfachen Zuckersirup aus zwei Anteilen weißem Zucker und einem Anteil Wasser zu. Geben Sie etwas davon auf einen Teelöffel oder in ein kleines flaches Gefäß und setzen Sie die Biene direkt daneben, aber nicht hinein. Forcieren Sie nicht, dass die Biene ihn trinkt, ermuntern Sie sie auch nicht. Es dauert eine Weile, aber wenn die Biene zu retten ist, wird sie ihre Zunge nach dem Sirup ausstrecken und trinken. Lassen Sie ihr etwas Zeit. Mit etwas Glück sehen Sie, wie die Biene zunächst auftankt und dann beginnt, sich zu regen, und sichtlich an Kraft gewinnt. Lassen Sie sie eine Weile ausruhen, dann fliegt sie hoffentlich weg oder ist zumindest so gestärkt, dass man sie sicher auf eine Blume setzen kann.

WAS ZU TUN IST, WENN MAN EINEN BIENENSCHWARM SIEHT

Nur Honigbienen schwärmen aus. Es handelt sich um einen völlig natürlichen Fortpflanzungsprozess, der keinerlei Bedrohung darstellt, aber bei der ersten Begegnung äußerst beängstigend sein kann. Wie in einem Horrorvideo verdunkelt sich der Himmel plötzlich durch fliegende Bienen, dabei ist ihr Summen unbeschreiblich laut. Dann – ganz plötzlich – hört der Lärm auf und die Bienen scheinen zu verschwinden. Der Schwarm mit einer Königin in der Mitte hat sich kurzzeitig in einer großen Ansammlung niedergelassen, meist in einem Busch oder Baum, manchmal aber auch an ziemlich unpassenden Stellen wie auf einem Auto oder einem Schaufenster. Kundschafterinnen fliegen aus, um ein potenzielles neues Heim zu suchen, in das eine von ihnen dann den ganzen Schwarm bringt.

Keine Panik, bitte betätigen Sie nicht den Notruf und machen Sie sich keine Sorgen, dass die Bienen jemanden spontan angreifen. Die Wahrscheinlichkeit gestochen zu werden, ist gering. Die Bienen sind mit Honig versorgt, den sie für den Bau ihres neuen Nestes verwendet haben, und sie haben nur ein Ziel: einen sicheren neuen Standort für ihre Königin und ihr abtrünniges Volk zu finden.

Freuen Sie sich beim Beobachten, aber lassen Sie sie in Ruhe, außer wenn sie sich an einer völlig ungeeigneten Stelle angesiedelt haben. Dann sollten Sie einen örtlichen Imker zu Hilfe rufen (keinen Kammerjäger). Sie können sich auch beim Deutschen Imkerbund oder Ihrem Landesverband der Imker erkundigen.

Auch andere Bienenarten können sich schwarmartig versammeln, aber eigentlich handelt es sich schlicht um Ansammlungen. Vielleicht ist es auch nur eine Wolke eifriger männlicher Hummeln, die ein Nest bewachen und darauf warten, dass die Weibchen herauskommen, oder es sind Bewohner eines dicht besiedelten Nistplatzes für Solitärbienen. Wie auch immer, beobachten Sie sie ganz ruhig und lassen Sie sie in Ruhe.

WAS ZU TUN IST, WENN MAN EIN BIENENNEST FINDET

Auch hier ist das oberste Prinzip, es ruhig zu beobachten und in keiner Weise zu beeinträchtigen. Vor allem sollte man Bienen nicht schütteln, stechen oder anderswie stören.
Nur wenn sich das Nest an einem unsicheren Platz befindet oder Menschen oder anderen Tieren Probleme bereiten kann, sollte man sich damit beschäftigen. In der Regel findet man Möglichkeiten, ein Nest ungestört zu lassen, bis sein natürlicher Zyklus abgeschlossen ist. Ich hatte den ganzen Sommer über ein Nest mit ziemlich aufdringlichen Hellen Erdhummeln in meinem Gartenschuppen, aber wir haben uns irgendwie arrangiert, und obwohl ich von Anfang an genau wusste, wo der Nesteingang ist, hat es Spaß gemacht, ihre Ablenkungsversuche zu beobachten.
Wilde Honigbienen leben meist hoch oben in Bäumen, aber wenn Sie ein Honigbienennest an einer schwierigen Stelle finden, versuchen Sie nicht, es ohne Anweisung und Hilfe eines Imkers zu verlegen. Sie tauchen an seltsamen Orten auf – wir mussten einmal eine völlig zufriedene Kolonie unter einem Gullydeckel entfernen; das war ein bizarrer Platz, an dem sie sich niedergelassen hatten.
Hummelnester kann man vorsichtig verlegen, wenn es unbedingt nötig ist, wobei die Kolonie dann kaum überleben wird.

KANN MAN EIN BIENENHAUS KAUFEN?

Lassen Sie uns über „Bee-Washing“ sprechen. Dieser Begriff wurde von Forschern der York University in Toronto geprägt und als *„eine neue Art von Greenwashing definiert, bei dem Unternehmen die Verbraucher unter dem Vorwand, den Bienen zu helfen, zum Kauf von Produkten oder zur Inanspruchnahme von Dienstleistungen verleiten. Bee-Washing wird auch eingesetzt, um das öffentliche Image von Unternehmen zu verbessern, und ist zu einem immer häufigeren Marketingtrick geworden.“*

In diesem Abschnitt geht es um künstliche Lebensräume und die Frage, ob sie den Wildbienen wirklich helfen oder nur eine Gelegenheit für Green- und Bee-Washing sind. Ich habe lange gezögert, diesen Abschnitt zu schreiben,weil er meine kaum unterdrückte Wut über so viele angebliche Ökoprodukte und die leeren Versprechen, die sie machen, berührt. Wenn Sie dieses Buch lesen, dann wahrscheinlich, weil Sie wissen wollen, was Bienen hilft. Da wir gerne neue Ideen aufgreifen, sind wir oft ein leichtes Ziel für Marketingideen und erkennen nicht immer, welche Angebote in die Irre führen.

Das Greenwashing-Marketing nutzt geschickt und zynisch die Ängste der Menschen in Bezug auf die Zukunft der Tier- und Pflanzenwelt sowie der Umwelt aus und lockt mit netten kleinen Wohlfühlmomenten. Das Problem ist, dass die Natur, anders als der Einzelhandel, keine schnellen Lösungen kennt. Ein sinnvoller Fortschritt bei der Veränderung unserer Umwelt und der Unterstützung unserer Bestäuber ist kein Paket, das man online oder in einem Gartencenter kaufen kann.

Es bricht mir das Herz, wenn ich sehe, wie die freundlichsten Instinkte der Menschen in die Irre geführt und die Hoffnungen enttäuscht werden, die man beim Kauf eines Designer-Bienenhotels, einer neuartigen Samenbombe oder einer entzückenden Packung Wildblumensamen hat. Sie sind sinnlos und oft sehr teuer.

Aber es gibt Dinge, die wirklich helfen. Dafür muss man die Ärmel hochkrempeln, denn es gibt etwas zu tun ...

BIENENHOTELS FÜR SOLITÄRBIENEN

Bienenhaus oder Horrorhaus? Es ist eine verbreitete Vorstellung, dass ein Bienenhaus/-hotel ein Einheitsartikel ist, der einer Vielzahl von Bienen hilft. Man kann es überall bekommen, sogar an einer Tankstelle. Man muss es nur kaufen, aufhängen und weggehen. Hurra! So wird man zum Naturschützer.
Aber stellen Sie sich vor, Sie haben ein Hotel gebucht. Wenn Sie hinkommen, können Sie sich nur mit Not in das Zimmer quetschen, alles ist schmutzig und die Laken wurden nicht mehr gewaschen, seit sie zum ersten Mal aufgezogen wurden. Das ist kein Ort, an dem man mit seiner Familie Urlaub machen möchte.

Auch wenn es gut gemeint ist und man Solitärbienen einlädt, in vom Menschen geschaffenen Lebensräumen zu leben, macht man sich für diese Bienen verantwortlich. Wenn man diese Verantwortung übernehmen will, muss man Einheiten bauen oder kaufen, die passen, und sie regelmäßig reinigen und instand halten.

Andernfalls setzt man die ohnehin schon vulnerablen Bienenarten einem noch größeren Risiko aus – durch physische Schäden an ihren empfindlichen Körpern und Flügeln, durch die Gefahr für Krankheiten und Pilze und dadurch, dass sie mit Parasiten und Raubtieren leben müssen, die ein schmutziges Bienenhotel lieben.

Bienenhotels muss man auch pflegen! Ich versorge lieber Wildbienen mit hervorragendem Futter und natürlichen Nistplätzen. Andere entscheiden sich eher zum Mitmachen und das ist auch gut so, solange sie ihre Bienengäste gewissenhaft betreuen. Sie machen sich zum Wächter ihres Wohlergehens, aber den Bienen ein schäbiges oder vernachlässigtes Bienenhotel anzubieten, ist schlimmer, als nichts zu tun.

Was ist an den meisten Bienenhotels falsch?

In Wirklichkeit sind Bienenhotels nur für Solitärbienenarten geeignet. Da sie den angebotenen Platz für mehrere Monate besiedeln, muss man sich mit ihnen beschäftigen, damit sie überleben.

Häufige Probleme mit vorgefertigten Bienenhotels:

- Kein richtiger Schutz vor Feuchtigkeit oder Nässe.
- Die Röhren sind nutzlos, aus splittrigem Holz, aus mit Mark gefülltem Bambus oder aus nicht atmungsaktiven Materialien (Glas, Kunststoff, Metall), die zu Kondensation und Schimmelbildung führen.
- Der Durchmesser und/oder die Länge der vorgebohrten Löcher oder Röhren haben die falsche Größe für die Bienen, die darin leben sollen.
- Die Röhren sind auf der Rückseite nicht verschlossen und/oder kürzer als der Kasten, sodass Raubtiere hineingelangen können.
- Die falsche Länge der Röhre wirkt sich auch auf das Verhältnis zwischen männlichen und weiblichen Bienen bei der Ablage und eventuell auch auf die Erhaltung der Eier aus.

- Fehlende Anweisungen für den Standort – Bienenhotels müssen in der Nähe von Futterquellen und an einem sonnigen, nach Süden oder Südosten ausgerichteten Ort sicher befestigt sein.
- Fehlende Anleitungen zum Schutz der überwinternden Nester und zur Reinigung und Wartung der Bienenhotels von Saison zu Saison.

Habitate für Solitärbienen sind spezielle Baukästen und sollten zu ihrer Sicherheit mit möglichst viel Sachverstand angefertigt worden sein.

NISTSTEINE FÜR SOLITÄRBIENEN

Und schon befinden wir uns wieder in einer brandaktuellen Naturschutzdebatte, in der es wieder um Solitärbienen geht. Kommerziell produzierte „Niststeine" sollen in Gärten gelegt oder in Mauern eingebaut werden. An Englands Südküste wurde in Brighton und Hove Council kürzlich verbindlich vorgeschrieben, solche Steine in alle neuen Gebäude einzusetzen. Im Internet erfolgte darauf ein Aufschrei der Verzweiflung über Greenwashing und Alibihandlungen. Experten gaben insbesondere zu bedenken, dass die Löcher zu flach sind und dass sie, nachdem die Aufmerksamkeit abgeklungen ist, wahrscheinlich auch nicht gereinigt werden, wodurch die Bienen Raubtieren und Krankheitserregern ausgesetzt werden könnten. Der Insektenkundler Professor Adam Hart gab den vielleicht aufschlussreichsten Kommentar ab, indem er uns daran erinnerte, dass „gut gemeinte Eingriffe unerwünschte Folgen haben können".

Niststeine sind keine gute Idee. Traditionelle Lehmsteine und -panels aus Lehm und Stroh werden schon lange als Basis für Solitärbienen-Habitate empfohlen.

HUMMELNESTER UND NISTKÄSTEN

Wie auf Seite 24 erwähnt, habe ich kürzlich die Gastgeberin für eine große Kolonie von Hellen Erdhummeln in meiner Gartenhütte abgegeben. Wir haben uns arrangiert; ich habe sie nicht gestört und sie störten mich auch nicht wirklich. Aber es waren große Weibchen, die extrem herrschsüchtig waren und es sogar schafften, eine ganze Reihe von Steinhummel-Königinnen abzuwehren, die das Haus angreifen wollten. Das war ziemlich viel Action in einer kleinen Hütte.

Ihr Nesteingang war nur eine Ritze, die von Efeu fast verdeckt war, wo eine Holzwand auf eine Steinstufe trifft. Die Bienen schwebten herum und schlichen sich rein und raus, dabei zögerten sie immer, die Aufmerksamkeit auf den Eingang zu lenken. Ich verbrachte viel Zeit damit, sie in aller Ruhe zu beobachten und hätte alles dafür gegeben, einen Blick in das Nest werfen zu können.

Sie können Hummel-Nistkästen kaufen oder selber bauen, aber auch hier benötigt man gute Kenntnisse, wie man sie konstruiert und aufhängt. Wenn Sie das Glück haben, eine Kolonie zu beherbergen, müssen Sie auch wissen, wie Sie diese beobachten können. Den Kasten immer wieder zu öffnen, wäre nicht gut für dessen Bewohner.
In meinem Garten gibt es große Hummelpopulationen, was mich in Versuchung bringt, einen Nistkasten auszuprobieren. Das Problem ist, dass die Chancen, eine Königin zu finden, die sich darin niederlässt, ziemlich gering sind, auch wenn der Kasten noch so schön aussieht. Man kann aber Glück haben, vor allem wenn man gut informiert ist. Je nachdem, welchen Boden sie darin bereiten, ist das ebenfalls ein Schlüssel zum Erfolg, ebenso wie ein geduldiges Ausprobieren.

KAPITEL 6

BIENENFREUNDLICH *gärtnern*

BIENENFREUNDLICH GÄRTNERN

„Nur wenn Milliarden unterschiedlicher, individueller Organismen jede Ressource und jede Gelegenheit, die sich ihnen bietet, optimal nutzen, kann der Planet effizient funktionieren. Je größer die Artenvielfalt, desto sicherer wird alles Leben auf der Erde, auch unseres. Aber so wie wir Menschen derzeit auf der Erde leben, nimmt die Biodiversität ab."

David Attenborough, *Ein Leben auf unserem Planeten*

WARUM GÄRTNERN SO WIRKSAM IST

Als die Menschen früher ihre Nahrung sammelten und später dann anbauten, hatten sie bereits ein intuitives Verständnis von der Beziehung zwischen lebendigen Organismen und ihrer Umwelt. Als man später die ernährungsphysiologischen und medizinischen Eigenschaften von Pflanzen besser verstand, waren wir noch stärker auf eine gute Ordnung der Natur angewiesen. Alles ist miteinander verbunden.

Heute wissen wir so viel mehr über die Vielschichtigkeit der Natur und haben wissenschaftliche Fakten und Formeln zur Hand. Das ironischerweise zu einem Zeitpunkt, an dem die Ökosysteme vor unseren Augen zusammenbrechen.

Als Reaktion auf die schnelle Wegwerfkultur heutzutage nehmen viele Zuflucht zu einer ruhigen Wiederentdeckung der Kraft des Gärtnerns. Gartenarbeit bietet so viele persönliche und ökologische Vorteile und kann bei achtsamem Vorgehen zahlreiche positive Wechselwirkungen auslösen.

ARTENVIELFALT

Wir müssen die biologische Vielfalt um jeden Preis schützen, und viele wissenschaftliche Studien haben gezeigt, dass Gärten wichtige Zufluchtsorte für eine reiche Vielfalt an Wildtieren sind. Kultivierte Räume sind durchlässig, agieren mit ihrer Umgebung und können die Anzahl an Arten und deren Vorkommen auf signifikante Weise erhöhen, wenn sie mit verschiedenen Bestäuberquellen bepflanzt werden.

Gärten in Städten und Vorstädten werden manchmal als weniger wertvoll im Vergleich zu ländlichen Gegenden betrachtet, aber sie können die Artenvielfalt unglaublich steigern. Studien haben gezeigt, dass Gartenböden oft besser genährt sind als Ackerland und dass sie eine bedeutsame Vielfalt an Pflanzen und Tieren beherbergen.

Allerdings gibt es auch dort Probleme, vor allem in Zeiten des fortschreitenden Klimawandels. Klimamodelle deuten darauf hin, dass die Winter im Vereinigten Königreich bis zum Jahr 2050 wahrscheinlich um 40 Prozent feuchter und die Sommer um 40 Prozent trockener sein werden, zudem werden viele intensivere saisonale Wetterereignisse erwartet. Das ist eine echte Herausforderung für uns alle, wenn wir nachhaltig planen und pflanzen wollen (siehe Seite 162–185).

WELLNESS

Wenn ich in meinem Garten arbeite, stelle ich, schmutzig von Kopf bis Fuß, oft fest, dass ich mich an einem Ort purer Freude aufhalte. Ich habe mir alles selbst beigebracht und häufig übersteigen meine Ambitionen die Realität, aber ich habe nie das Gefühl, dass dadurch meine Anstrengungen beeinträchtigt werden. Das sollte für alle gelten.
Aus welchen Gründen auch immer Sie Gartenarbeit betreiben und wie gut auch immer Sie sich damit auskennen, Sie können sich dabei entspannen und die therapeutische Wirkung der Natur erfahren. Lassen Sie die, die mit ihrer Gartenarbeit prahlen wollen, ruhig machen und genießen Sie einfach Ihre Zeit mit den Pflanzen, die Sie lieben, und Sie werden innerlich zur Ruhe kommen.

ERZIEHUNG

Gärten sind großartige Orte für lebenslanges Lernen, wo auch junge Leute sowohl die Freude an der Gartenarbeit als auch ein paar ökologische Probleme, die sie erben, entdecken können.

Ich habe schon wirklich unwillige Kinder in die tolle Natur geschleppt, aber als sie erst einmal dort waren, legten sie den Schalter um, schärften ihre Sinne und ließen sich darauf ein, interaktiver zu agieren. Als sie dann manches entdeckten und Fragen stellten, wusste ich, dass ihr Interesse geweckt war!

Klee

ALLES BEGINNT MIT DEM BODEN

Grundlage für einen gesunden und produktiven Garten ist der Boden. Das ist nicht einfach nur langweiliges braunes Zeug, in das die Pflanzen gesetzt werden. Der Boden selbst ist etwas Lebendiges – ein dynamischer Mix aus Organismen, sich zersetzenden organischen Stoffen, Mineralien, Gasen und Wasser. Ein einziger Teelöffel Erde soll mehr Mikroorganismen enthalten als es Menschen auf der Erde gibt. Das ist ein potentes Zeug.

Wie alle Gärtner wissen, ist es sinnlos, etwas anbauen zu wollen, wenn die Erde nicht in gutem Zustand ist. Aber in der Welt der großen Landwirtschaft werden die Böden durch moderne Anbaumethoden ausgelaugt, insbesondere durch Monokulturen und durch tiefes Pflügen. Das führt zu einem Teufelskreis, in dem Düngemittel und Pestizide verwendet werden, um den überlasteten Boden zu kompensieren, und die geschwächten Pflanzen führen zu einer weit verbreiteten Verschmutzung von ... was glauben Sie? Boden, Luft, Trinkwasser, Pflanzen und den Kreaturen, die sich davon ernähren.

In diesem chemischen Gemisch wird ein Großteil unserer Lebensmittel angebaut, daher ist es nicht verwunderlich, dass die Indikatoren für den Wert von Lebensmitteln Berichten zufolge sinken. Dies wird oft als einer der Hauptgründe für die Bevorzugung von Bioprodukten angeführt, die nicht nur besser schmecken, sondern auch von widerstandsfähigen, gut genährten Pflanzen stammen.

„60 ERNTEN“

Die Böden auf der ganzen Welt sind so nährstoffarm und leiden so sehr unter Erosion, dass die Vereinten Nationen 2015 mit der Einschätzung Schlagzeilen machten, dass uns nur noch 60 Ernten bleiben, bevor sie die Bevölkerung nicht mehr ernähren können.

Über diese „60 Jahre“ wurde viel diskutiert und der Zeitrahmen wohl widerlegt, aber interessant ist, wie weit verbreitet die Annahme ist, dass die Uhr tickt.

Es ist ein massives Problem und das größte Argument für biologische Prinzipien sowohl in der Landwirtschaft als auch im eigenen Garten. Das bedeutet, dass wir auf die Gesundheit des Bodens achten, ihn schonend und ohne chemische Zusätze bearbeiten und auswählen, was wir anpflanzen. Dies sind die Eckpfeiler für die Förderung der Artenvielfalt von Pflanzen und Tieren, selbst auf kleinem Raum.

GESCHLOSSENER NÄHRSTOFFKREISLAUF

„Geschlossener Nährstoffkreislauf" ist ein etwas hochtrabender Begriff für einen sparsamen und äußerst effektiven Kreislaufansatz in der Lebensmittelproduktion, der seit Jahrhunderten in unzähligen Kulturen praktiziert wird. Er ist vor allem dort zu beobachten, wo die Versorgungswirtschaft das Bedürfnis nach völliger Autarkie geweckt hat. In einem solchen System unterstützen sich Nahrung und organischer Abfall gegenseitig und die Nährstoffe bleiben erhalten. Dabei ist der Boden produktiv und wird für alle Zeiten zum größten Verbündeten im Garten, er hilft mit, ein ausbalanciertes Ökosystem aufzubauen, in dem es vor Bestäubern und anderen Wildtieren wimmelt.

Es liegt auf der Hand, dass man in einen neuen oder stark veränderten Garten neue Materialien einbringen muss. Aber schließlich ist das Ziel, einen Raum zu schaffen, wo nichts hinzugeschafft werden muss und alles organische Material, das entsteht, wieder in den Boden zurückkehrt und diesen dabei anreichert und die Pflanzen, die man aufzieht, ernährt. Im Gegenzug werden so der Nährwert der Nutzpflanzen sowie die Menge und Qualität von dem, was die Pflanzen den Bestäubern anbieten, erhöht. Ein weiterer Gewinn für alle.

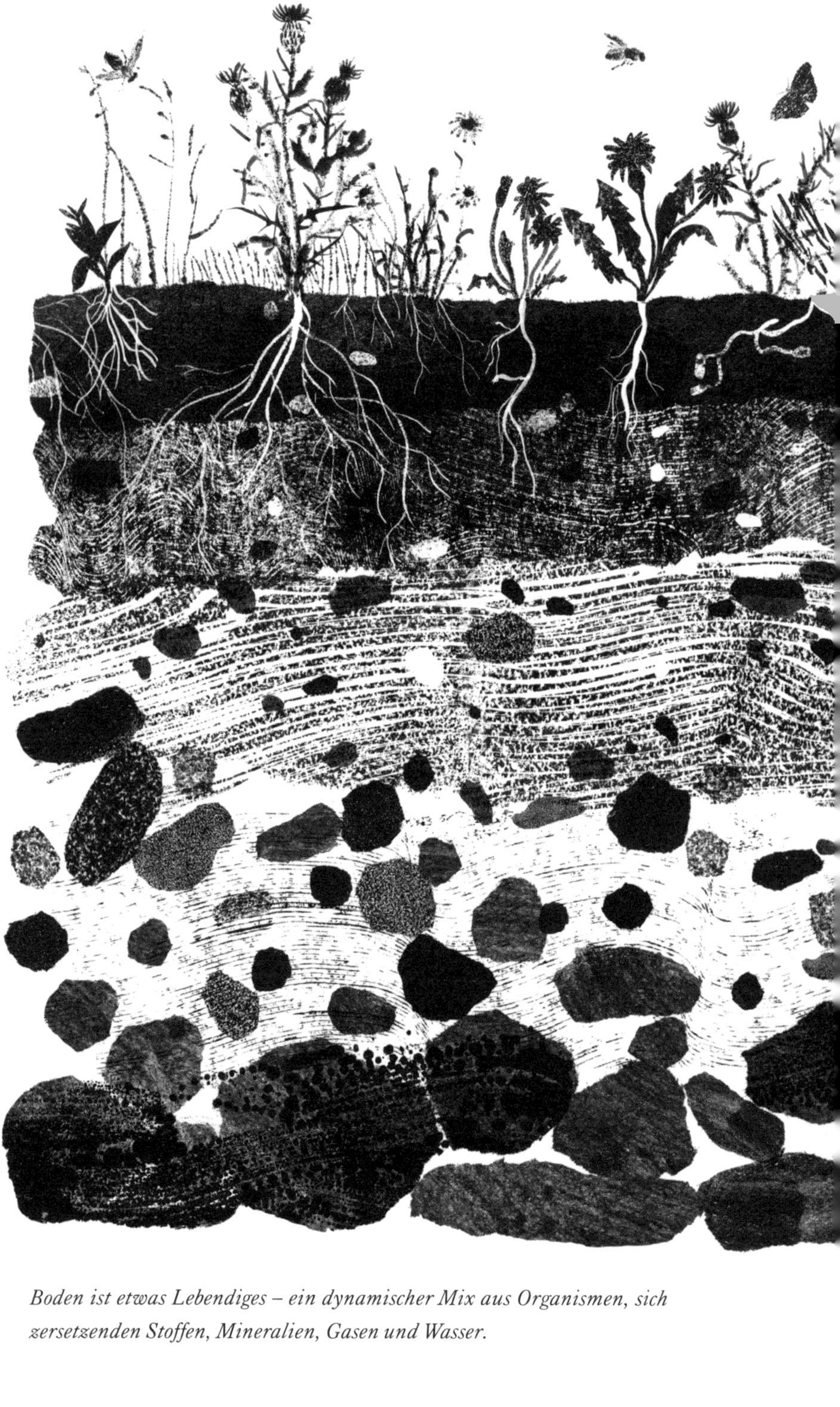

Boden ist etwas Lebendiges – ein dynamischer Mix aus Organismen, sich zersetzenden Stoffen, Mineralien, Gasen und Wasser.

KOMPOSTIEREN

Im Laufe der Jahre haben wir unterschiedliche Formen und Größen von Kompostierungssystemen ausprobiert, u. a. einen Pflanzturm mit integriertem Komposter (siehe Seite 144), einen wuchernden Haufen in unserem Londoner Schrebergarten und eine baufällige Holzkiste im Bienenhof.
Wo wir jetzt unseren großen neuen Garten roden und umgestalten, werden wir wohl genug Grünabfälle produzieren, um ein kleines Biomassekraftwerk zu betreiben, was eine Vielzahl von Recyclingkonzepten erfordert, darunter viele kleine Komposthaufen, ein großes System mit zwei Holzbehältern, ein ganz gewöhnlicher Treteimer in der Küche und einige japanische Bokashi-Behälter mit fermentierter Kleie (siehe Seite 144).
Vor einer kurzen Übersicht über die Vor- und Nachteile der Kompostierung und einem Blick auf einige Systeme möchten Sie vielleicht wissen, was wir mit all dem Kompost machen werden. Schnelle Antwort: Wir wenden die No-Dig-Methode an und werden den Boden dann nicht mehr umgraben – niemals! Wir bringen die Würmer dazu, die Arbeit zu erledigen, indem wir ihnen großartige Mulchschichten geben, die sie in den Boden einbringen. Auch der Mulch leistet tolle Arbeit, indem er das Unkraut unterdrückt und klein hält.

PRINZIPIEN DES KOMPOSTIERENS

Stellen Sie sich „grünen“ und „braunen“ Kompost vor, wobei das Grundverhältnis zwei Teile „lebendiger“, grüner Abfall (stickstoffhaltig) und ein Teil „toter“, brauner (kohlenstoffhaltig) sein sollte. Ein großer Haufen Grasschnitt sollte mit 50 Prozent braunem Kompost gemischt werden. Der Kompost wird Ihnen zeigen, was er braucht – mit zu viel Stickstoff wird er nach Ammoniak riechen, bei zu viel Kohlenstoff kommt die Zersetzung zum Stillstand. Wenn es nach faulendem Gemüse stinkt, ist er wahrscheinlich zu feucht.

Grüner Abfall kann aus der Küche oder aus dem Garten kommen, von Schalen und Grasschnitt, Schnittabfällen und vielem mehr, inklusive Unkrautstängeln (die Köpfe am besten nicht dazugeben). Zu braunem Abfall können auch Eierschalen, feuchtes Zeitungspapier, Teeblätter, Zweige, Stroh, zerkleinertes Laub, Holzasche und zerschredderte Pappe gehören. Etwas Kaffeesatz tut der Mischung auch gut. Bauen Sie grüne/braune Schichten auf, aber wenden Sie den Haufen regelmäßig, damit er belüftet wird und sich schneller zersetzt. Zerquetschte oder zerkleinerte Beinwellblätter geben einen guten zusätzlichen Schub, ebenso wie zerkleinerte Brennnesseln, die die Kompostierung auf hervorragende Weise beschleunigen. Ein weiterer prima Beschleuniger ist menschlicher Urin!

Rohe Obst- und Gemüseabfälle aus der Küche können direkt in den Kompost wandern (ein weiterer großer Anreiz, biologische Produkte zu essen/anzubauen). Seien Sie vorsichtig bei Zitrusfrüchten, ich hacke sie und gebe nur wenig davon dazu, das gilt auch für Ananasschalen und andere harte Abfälle, die ewig brauchen, um sich zu zersetzen. Wenn Sie einen offenen Kompost haben, geben Sie keine Milchprodukte, Fleisch-/Fischabfälle oder gekochte Lebensmittel dazu, um keine Plünderer wie Füchse und Ratten anzulocken. Mit geschlossenen Kompostern hat man größeren Spielraum.

Das wirft die Frage nach der Wärme auf. Ein aktives Kompostierungssystem ist heiß. Die Mikroorganismen, die den Abfall zu Kompost zersetzen, arbeiten bei Temperaturen von 45–70 °C effektiv. Ein gutes Wärmelevel sollte Samen und potenzielle Unkräuter vernichten, aber das gelingt nicht völlig, wenn Sie kein Experte sind. Um die Temperatur im Blick zu behalten, können Sie sich ein Kompostthermometer zulegen.

KOMPOSTIERSYSTEME

Ein traditioneller Kompost kann einfach mit einem Haufen beginnen. Kleine Haufen werden nicht warm genug, um fertigen Kompost zu erzeugen, sind aber gut zu handhaben, um Abfall verrotten zu lassen, den man dann auf einen größeren Haufen bringt. Um den Haufen ordentlich und kompakt zu halten, damit er Wärme speichert, sollten Sie Kompostbehälter aus Holzlatten kaufen.

Professioneller ist ein Trommel-Komposter mit Deckel, der sich dreht und dabei den Inhalt wendet. Und dann gibt es noch die isolierten Thermokomposter, die auf natürliche Weise eine hohe Innentemperatur aufrechterhalten. In solche Systeme kann man auch gut gekochte Speisereste, Milchprodukte, rohe Fleisch- und Fischreste geben.

Für wenig Platz gibt es gute Möglichkeiten von einem einfachen Kunststoffeimer mit Deckel bis zu kompakten Wurmkompostern und dem japanischen Bokashi-System. Bei wenig Platz eignet sich auch ein kompakter Pflanzturm mit tiefen Pflanztaschen und einer mit Würmern bevölkerten zentralen Röhre, in die man jede Menge Küchenabfälle geben kann.

Das Bokashi-System unter unserer Küchenspüle ist sehr kompakt, es besteht aus zwei geschlossenen Eimern, in denen rohe und gekochte Abfälle aus Pflanzen, von Milchprodukten oder Fleisch/Fischabfälle abgebaut werden. Man muss einfach Schichten von fermentierter Kleie auf den Abfall streuen, damit sich der Vorgang beschleunigt. Wenn die Eimer voll sind, tauscht man sie aus und lässt die vollen ein paar Wochen stehen, bevor man den Hahn unten aufdreht und eine nahrhafte flüssige Pflanzennahrung entnehmen kann. Der feste Inhalt kann dann direkt auf die Erde oder in einen großen Komposter gegeben werden.

Am besten experimentiert man ein wenig, um das System zu finden, das zu einem und dem vorhandenen Platz passt. Wie auch immer Sie sich entscheiden, Sie werden stolz wie ein Kind und happy sein, wenn Sie Ihre Pflanzen mit schön krümeligem Kompost aus eigenen Küchen- und Gartenabfällen düngen können.

Wenn Sie keinen Kompost haben, aber die Idee vom Kreislauf mögen, fragen Sie nach, was Ihre Kommune mit den Lebensmittel- und Gartenabfällen macht, die sie einsammelt. Er wird immer öfter kompostiert und als fertige Bodenverbesserung angeboten, von der auch Töpfe auf der Fensterbank und Kübelpflanzen auf der Terrasse profitieren können.

SCHONENDES GÄRTNERN

Ein komplett geschlossenes, rein organisches System ist ein intensives Unterfangen, sowohl in zeitlicher als auch philosophischer Hinsicht. Aber auch wenn es nicht vollständig umgesetzt wird, können wir damit unsere Beziehung zur Natur verbessern. Diese Zwischenlösung nenne ich „schonendes“ Gärtnern. Es ist sanft, nachhaltig und auf einfache, traditionelle Vorgehensweisen ausgerichtet, die Pflanzen, Boden und Wildtiere unterstützen.
Abgesehen von der Kompostierung ist auch zu beachten, dass bei biologischen Systemen keine Kunstdünger oder Pestizide verwendet wer-

den und dass alle Pflanzen oder Samen aus glaubwürdiger biologischer Produktion stammen sollten. Leider ist die Mehrheit von dem, was aus Gartencentern und vielen Gärtnereien stammt, in irgendeiner Weise chemisch vorbehandelt, weshalb man die Herkunft von Pflanzen und Samen aus dem Handel überprüfen sollte. Andere Punkte sind:

WASSER

Wasser ist ein unglaublich wertvolles Gut, das immer mehr an Bedeutung gewinnt. Nutzen Sie möglichst Fallrohre von Regenrinnen und bauen Sie Regentonnen ein, um Wasser zu sparen. In Trockenperioden gießen wir beispielsweise immer auch Spülwasser direkt in die Blumenbeete (wenn wir von Hand abwaschen, nehmen wir mildes Bio-Spülmittel, das die Pflanzen nicht beeinträchtigt). Da der Klimawandel für immer mehr Hitze sorgt, macht es auch Sinn, trockenheitsresistente Pflanzen zu wählen.

PFLANZEN FÜR DEN EIGENEN GARTEN BESCHAFFEN

Säen Sie Samen von Ihren eigenen Pflanzen und informieren Sie sich, wie man einen Pflanzenbestand aufbaut, z. B. durch Stecklinge und Teilung bestehender Pflanzen. Tauschen Sie Pflanzen und Samen mit anderen Leuten aus, die auf biologische Weise gärtnern.

BODENDECKER/GRÜNDÜNGER

Zu einer schonenden Bewirtschaftung der Landwirtschaftsflächen gehört häufig die Verwendung von bodennährenden Bodendeckern, die zwischen den Nutzpflanzen angebaut werden, um die Bodenerosion zu verhindern und später als „Gründünger“ zu dienen. Das ist auch für Gärten gut. Wenn man eine kahle Fläche hat, die für eine künftige Bepflanzung gerodet werden soll, könnte man direkt Phazelien-Samen daraufstreuen, um das Unkraut in Schach zu halten, den Bienen eine wunderbare Blüte zu bieten und sie schließlich wieder in den Boden einzubringen, indem man sie direkt eingräbt oder abschneidet und auf dem Boden belässt oder durch Kompostieren zu Mulch verarbeitet. Roter Klee, Senf und Wildrauke eignen sich auch sehr gut dafür. Wichtig ist, dass keine Flächen über längere Zeit kahl bleiben, weil das unproduktiv ist und man am Ende gegen die Ausbreitung von Unkraut zu kämpfen hat. Alternativ kann man mulchen ...

MULCHEN

Mulch ist eine auf dem Boden verteilte Schicht aus bestimmtem Material. Als biologisch abbaubarer Mulch eignen sich gut verrotteter Mist, Gartenkompost, Stroh, Algen und Bodendecker sowie braune Pappe und Laub. Mulch nährt den Boden, hält Unkraut fern und schützt die Pflanzen vor extremen Wetterbedingungen wie Hitze, Frost und Trockenheit. Durch unkrautunterdrückendes Mulchen kann man bei Bedarf Flächen frei halten, am effektivsten ist es aber in der Wachstumsperiode. Am besten mulcht man zum Schutz und zur Kräftigung in der Mitte bis zum Ende des Frühlings sowie im Herbst.

NATÜRLICHER PFLANZENDÜNGER

Reichhaltiger Mulch nährt Pflanzen über längere Zeit und fördert die Bodenqualität. Auf dem Markt gibt es auch viele biologische Pflanzendünger, man kann ihn aber auch selbst herstellen. Wenn Sie in der Nähe vom Meer wohnen, legen Sie Algen auf die Beete, das ist eine wirkungsvolle natürliche Nahrung und ideal für sandigen Boden. Man kann auch flüssigen Algendünger kaufen, ich schwöre darauf. Wenn Sie Platz für Brennnesseln oder Echten Beinwell haben, reichern Sie damit den Boden an (siehe Seite 149 das Rezept dafür).

SCHÄDLINGE UND KRANKHEITEN

Es ist traurig, wenn Pflanzen wegen Schädlingen, Viren, Bakterien oder Pilzinfektionen eingehen, dann fragt man sich, wofür man sich die ganze Mühe gemacht hat. Idealerweise gibt es für jedes Problem eine eigene Lösung, so tauchen etwa Marienkäfer auf, um Blattläuse zu fressen, und Vögel helfen bei der Kontrolle der Raupenzahl. Aber man muss schon ein dickes Fell haben, wenn man dem einfach so zusieht und manchmal sollte man eingreifen, vor allem in kleinen Gärten.
Zum Glück kann man heute die alten giftigen Gartenchemikalien durch natürliche Mittel ersetzen. Informieren Sie sich über pestizidfreie Lösungen, etwa über das Abpflücken der Pflanzen, physische Barrieren wie Wolle und zerkleinerte Muscheln und Besprühen der Pflanzen mit organischer Seife, oder auch biologische Bekämpfungsmittel, wie z. B. die Mischkultur-Pflanzung und Verwendung von Nematoden.

Mischkultur

Dies ist eine traditionelle Methode, bei der verschiedene Pflanzenarten zum gegenseitigen Nutzen nebeneinandergesetzt werden. Dafür gibt es zahlreiche Gründe, von der physischen Unterstützung über die Förderung der Bodengesundheit bis hin zum Anlocken von Nützlingen zur besseren Bestäubung und – sehr häufig – zur Abwehr von Schädlingen. Zu den beliebtesten Begleitpflanzen gehört die intensiv duftende Ringelblume, die oft neben Tomaten, Kartoffeln, Auberginen, Paprika, Gurken und Kürbis gesetzt wird, um weiße Fliegen und Blattläuse fernzuhalten.

Nematoden

Nützliche Nematoden sind mikroskopisch kleine, nicht segmentierte Fadenwürmer, die Sie als flüssige Spritzmittel oder Sprays kaufen können, um sie im Garten zur Schädlingsbekämpfung einzusetzen.

Wann man aufhören sollte

Noch ein letzter Hinweis: Wenn etwas, was Sie angepflanzt haben, wiederholt von demselben Problem geplagt wird, ist es oft am besten, darauf zu verzichten und etwas anderes anzupflanzen.

PFLANZENDÜNGER AUS ECHTEM BEINWELL ODER BRENNNESSELN

Brennnessel- und Beinwellblätter ergeben effektiven Dünger und versorgen Pflanzen mit Eisen, Stickstoff, Phosphor, Kalium und vielen anderen wertvollen Spurenelementen. Ich habe es noch nicht ausprobiert, aber andere Blätter sollen ebenfalls guten Flüssigdünger ergeben, etwa von Klee, Farnkraut, Borretsch, Greiskraut und Erdbeeren.

ANLEITUNG

1. Ziehen Sie Gartenhandschuhe an und pflücken Sie einen Haufen Brennnesseln oder Beinwell. Bei Brennnesseln können sie die Stängel abschneiden und dann die Blätter abstreifen. Aber schneiden Sie den Beinwell nicht ab, denn seine Blüten sind extrem wertvoll für Bienen – streifen Sie einfach ein paar Blätter von älteren Pflanzenteilen ab.

2. Zerreißen Sie die Blätter oder schneiden Sie sie grob in Stücke, damit deren Oberfläche vergrößert wird und sie so mehr Nährstoffe abgeben können.

3. Geben Sie sie in einen Eimer (am besten mit einem Deckel – ich nehme einen unserer Honigeimer, der auch einen Hahn hat), füllen Sie ihn bis zum Rand damit. Drücken Sie die Blätter schön nach unten und geben Sie noch mehr dazu, falls Platz ist, gießen Sie dann Wasser darauf, sodass sie bedeckt sind. Legen Sie einen Stein darauf, damit die Blätter im Wasser liegen, und schließen Sie den Eimer.

4. Nach ein paar Tagen bilden sich Bläschen und die Flüssigkeit fängt an zu riechen. Der Geruch, der ziemlich stark ist, wird mit der Zeit noch stärker und nach etwa vier Wochen signalisiert er, dass der Dünger gebrauchsfertig ist. Er hält sich etwa sechs Monate, man muss ihn also nicht schnell aufbrauchen.

5. Verdünnen Sie einen Teil davon mit 10 Teilen Wasser und düngen sie Ihre Pflanzen in der Wachstumsphase damit. Sie können ihn auf die Wurzeln gießen oder die Blätter damit besprühen.

6. Man kann dieselben Blätter auch noch einmal mit frischem Wasser ansetzen, dann ist der Dünger aber nicht so wirkungsvoll. Die schlammigen Blätter kann man schließlich prima auf den Kompost geben.

Echter Beinwell

NATÜRLICHER LEBENSRAUM FÜR WILDBIENEN

Hier lesen Sie über ein paar herrlich praktische und ansprechende Maßnahmen, die wir in unseren Gärten vornehmen können, um sie für Bestäuber und andere Wildtiere attraktiv zu machen.

Aber ich muss mit den beiden weißen Elefanten im Raum anfangen – mit dem „Verwildern“ und der „Wildblumenwiese“. Beides wurde so grundsätzlich missverstanden und so fanatisch als Öko-Evangelium gepredigt, dass hier großer Klärungsbedarf besteht.

FUNKTIONIERT DAS „VERWILDERN“ VON GÄRTEN?

Wie so viele andere war ich begeistert von dem Buch von Isabella Tree *Wildes Land* und dem ehrgeizigen Projekt, das sie und ihr Mann auf ihrem Landgut in Sussex realisiert haben. Sie schildert darin die Ergebnisse der Abkehr von der konventionellen Bewirtschaftung des Landes, das sie nun der Natur überlassen. Eines der prägenden Elemente dieses Ansatzes ist jedoch die Anwesenheit von Weidetieren, in diesem Fall Longhorn-Rinder.

Früher streunten große Herden von Pflanzenfressern frei umher. Dadurch wurde das Pflanzenleben angeregt und kontrolliert, und ihre Ausscheidungen, die von den Hufen zertreten wurden, düngten den Boden. Mit kleineren Herden und Beständen lassen sich heute Renaturierungsprojekte in kleinem Maßstab durchführen, doch wirklich nicht in einem Hausgarten.

Aber dieser modische Begriff „Verwildern“ wurde auf erschreckende Weise trendy. Er wird als Aufforderung verstanden, Gärten sich selbst zu überlassen und alles unkontrolliert wachsen zu lassen. Absolut prima, wenn man einen Dschungel haben möchte, aber dann sollte man es bitte nicht mehr „Garten“ nennen. Dabei wird es große Probleme mit invasiven Pflanzen geben, außer wenn man die ganze Fläche von Zeit zu Zeit mäht oder abfressen lässt.

Und was wäre das Schicksal von Kulturpflanzen in einem solchen Szenario? In dem Moment, in dem man Kulturpflanzen ins Spiel bringt, muss man die Gartenfläche so bewirtschaften, dass ein Gleichgewicht zwischen den wertvollen Wildblumen/Unkräutern und den anspruchsvolleren Arten, die gepflanzt wurden und die leicht von den Wildpflanzen verdrängt werden, erhalten bleibt.

Das Pflanzen von artengleichen Gruppen und Sträuchern erleichtert Bienen die Futtersuche

Balance ist alles. Eine Mischung aus Wildnis und Kultivierung ist eine sanftere Lösung mit größerer Artenvielfalt und einem bestäuberfreundlicheren Ansatz als die reglementierten Gärten von einst mit ihrem grünen Samtrasen. Aber treffen Sie klare Entscheidungen, was sich ausbreiten darf und was Sie zur richtigen Zeit zurückschneiden wollen.

Bestimmte Flächen, die bewusst der Verwilderung überlassen werden, können mit Wildblumensamen, Rasen oder Stecklingen aufgewertet werden. Wie auch immer, Sie sollten dabei eine Zunahme an Bestäubern und anderen Wildtieren beobachten können. Aber um die Artenvielfalt zu fördern müssen Sie im Frühjahr und Spätsommer mähen oder zurückschneiden, damit der Wachstumszyklus der Wildblumen gefördert wird. Wenn man dabei das Gras nicht immer gleich hoch stehen lässt und zu etwas unterschiedlichen Zeiten mäht, werden unterschiedliche Wildblumenarten gefördert.

DIE WILDBLUMENWIESE

Kein anderes Konzept hat wahrscheinlich die populären Vorstellungen vom Gärtnern mehr beeinflusst als das von Wildblumenwiesen. Der Anreiz ist klar, es werden uns unschuldigere und sorgenfreie Zeiten vorgespielt. Leider ist bei vielen Projekten das Geld dem Gefühl gefolgt. Es bricht mir das Herz zu sehen, wie hart erkämpfte Mittel in die Anlage von „Wildblumenwiesen" an völlig ungeeigneten Stellen fließen (die ausnahmslos innerhalb von drei Jahren überwuchert und aufgegeben werden), anstatt dass man sich für vielseitige Bestäuberpflanzungen entschied, die über Jahrzehnte hinweg gedeihen können.

Denken Sie bitte nicht, ich hätte etwas gegen Wildblumenwiesen. Ich mag sie sehr, potenziell sind sie auch eine reiche Quelle für wilde Bestäuber. Es ist nur wie beim Verwildern so, dass die Unkenntnis grundlegender Prinzipien zu schlechten Entscheidungen und Verlusten bei der Nachhaltigkeit führen kann. Eine sinnvolle Wildblumenwiese braucht Platz, fachkundige Bewirtschaftung – inklusive fundierter Kenntnisse über Bodenchemie – und einen bestimmten Wildblumenmix, der an den Pflanzort angepasst ist. Und wie beim Verwildern hängt der Erfolg von einer kontrollierten Beweidung/Mähen ab, damit Jahr für Jahr nützliche Pflanzenlebenszyklen unterstützt werden. Das ist nicht „wild“ im eigentlichen Wortsinn, nicht schnell, einfach oder billig, und definitiv keine simple Lösung.

Aber grundsätzlich sind Wildblumenwiesen ein sehr erstrebenswertes Ziel. Sie eignen sich für viele verschiedene (sonnige) Gärten, man kann sie sogar in Blumenkästen oder Pflanzkübeln anpflanzen (obwohl ich persönlich immer dichte Büschel von blühenden Kräutern pflanzen würde, wenn der Platz so begrenzt ist).

Die Päckchen mit Wildblumensamen und Samenbomben, die als Hochzeitsgeschenke verteilt werden und den Verkauf „grüner“ Produkte von Bier bis Shampoo unterstützen sollen, führen meiner Erfahrung nach nur zu Enttäuschungen. Stattdessen sollte man für Wildblumen lieber heimisches Saatgut oder Setzlinge von vertrauenswürdigen Händlern kaufen, am besten in der eigenen Gegend.

Achten Sie immer auf die Anforderungen an den Boden – die meisten Wildblumen brauchen kargen Boden und mögen oft „angereicherte“ Gartenerde nicht.

HECKEN

Eine ausgewachsene Hecke entspricht einem Korallenriff zu Land – eine solide, aber durchlässige Struktur, die ein komplexes Ökosystem in, auf, unter und um sie herum unterstützt.

Jahrtausendelang war die britische Landschaft von dicht blühenden Hecken durchzogen, die Beeren, Früchte und Nüsse trugen. Aber als sich nach dem Zweiten Weltkrieg die moderne Landwirtschaft erweiterte, mussten Bestäuber und andere Wildtiere den Verlust von Hunderttausenden Kilometern Hecken hinnehmen. Der Schaden für die Umwelt kann, auch wenn er sich inzwischen wieder etwas zurückgebildet hat, nicht mehr vollständig behoben werden.

Eine gute Hecke und ihre Grasränder sind voller Leben; sie bieten Säugetieren, Vögeln, wirbellosen Tieren und Millionen von spezialisierten Organismen wie Flechten, Pilzen und nützlichen Mikroben Nahrung und Schutz. Eine Hecke ist auch eine großartige Sicherheitsbarriere – niemand möchte sich in Brombeeren, Hundsrosen, Weißdorn, Schlehe oder anderen Pflanzen verirren.

Es gibt so viele Gründe, Platz für blühende oder Früchte tragende Hecken zu schaffen. Ziehen Sie auch in Betracht, alte Holzzäune durch Hecken zu ersetzen. Es dauert ein paar Jahre, bis die Hecke groß ist, fangen Sie daher rechtzeitig an, bevor der Zaun ganz kaputt ist.

TOTHOLZHECKE UND HOLZSTAPEL

„Totholzhecke?", höre ich Sie fragen ... Das ist eine schlichte, elegante Konstruktion, die in jedem Garten nützlich ist. Dafür werden mit Techniken aus der Forstwirtschaft Holzschnitt, herabgefallene Zweige und kleine Äste (was normalerweise als Abfall anfällt) verwendet, um schöne, unbegrenzt erneuerbare Unterschlupf- und Nistmöglichkeiten für Wildbienen sowie Käfer und andere wirbellose Tiere zu schaffen.

Eine Totholzhecke ist ein schnelles Konstrukt aus zwei versetzten Reihen senkrecht in den Boden gesteckter Äste, in deren Zwischenraum Sträucher und Zweige geschichtet werden können. So entsteht eine wandartige Struktur, die auch als Barriere oder Unterteilung dienen kann. Totholzhecken kann man als schönere, raffiniertere Version eines Holzstapels betrachten, wobei diese auch Platz für größere Holzabfälle wie Baumstämme und große Äste bieten. Zudem sind sie unendlich erweiter- und erneuerbar.
Totholzhecken und Holzstapel ziehen nicht nur wirbellose Tiere an, sondern unterstützen auch lebenswichtige Moose, Flechten und Pilze. Amphibien, Vögel und kleine Säugetiere können darin ebenfalls Schutz und Futter suchen.

WASSER UND WASSERPFLANZEN FÜR BIENEN

Ausreichend Wasser ist für Honigbienen lebensnotwendig, um ihre konzentrierten Honigvorräte zu verdünnen und bei Hitze die Temperatur in den Nistplätzen zu regulieren. Hummeln und Solitärbienen decken ihren Bedarf an Wasser meist beim Nektarsammeln, aber die Weibchen der Gemeinen Pelzbiene (siehe Seite 90) sammeln Wasser, um die Nester zu verschließen.
Alle Bienenarten profitieren nicht nur von Wasser an einem Teich, sondern auch von Pollen- und Nektarpflanzen, die darin oder in der Nähe gedeihen. Wenn Sie nur wenig Platz haben, können Sie einfach einen Mini-Teich mit einer Schüssel anlegen. Wichtig ist, dass die Tierchen hinein- und hinauskommen und dass Steine, Oberflächenpflanzen oder andere Stellen vorhanden sind, die verhindern, dass sie darin ertrinken. Bienen mögen kein sauberes Wasser, daher müssen Sie es nicht wechseln; füllen Sie es nur einfach bei Trockenheit auf.

SCHLAMM, SAND UND ERDE

Ein feuchtes, schlammiges Fleckchen irgendwo im Garten ist von unschätzbarem Wert für Mauerbienen (siehe Seite 62) und andere Arten, die Schlamm für den Bau ihrer Nester sammeln müssen. Ein weiteres schönes Bienenprojekt ist die Herstellung eines Lehmsteins für Bienen, die in Mauern nisten. Ein Haufen Bausand an einem sonnigen Ort oder ein Sandarium (ein eingegrenzter sandiger Lebensraum) kann ebenfalls einen sicheren Platz für grabende Bienenarten bieten. Auch sonnige, kahle oder spärlich bepflanzte Stellen oder Böschungen können Hummeln und Solitärbienen anlocken.

Zu Internetquellen zu allen oben stehenden Themen siehe das Kapitel Quellen auf Seite 188–193.

HOHLE STÄNGEL FÜR SOLITÄRBIENEN

Viele krautige Pflanzen (u. a. Sonnenblumen, Schmalblättrige Weidenröschen, Fenchel und Gräser) haben hohle, markhaltige Stängel, die Solitärbienen als natürliche Nistplätze nutzen. Lassen Sie die Wurzeln im Boden und schneiden Sie die Stängel im Winter oder im zeitigen Frühjahr auf etwa 45 cm zurück.

Wenn Bienen in alten Stängeln nisten, kommen ihre Jungen im folgenden Frühjahr heraus, es handelt sich also um einen Zwei-Jahres-Zyklus. Manche empfehlen einen Mittelweg zwischen dem Belassen der Stängel an Ort und Stelle und der Einrichtung eines richtigen Bienenhauses. Dafür muss man hohle Stängel (mindestens 15 cm) hinter einem Blumenbeet an einer geschützten, aber potenziell sonnigen Stelle locker aufschichten.

KEIN PLATZ FÜR PFLANZEN?

Wenn man sich berufen fühlt, Pflanzen für Bestäuber zu setzen, kann man extrem erfinderisch werden. Lesen Sie meine Erfahrung:

Grüne Wüsten: Sowohl urbane als auch ländliche Gebiete haben „grüne Wüsten" – Rasenflächen, die zwar grün aussehen, aber den Bestäubern wenig oder gar nichts zu bieten haben, z. B. Außenbereiche von Museen und Hotels, Schulhöfe, Neubausiedlungen etc. Merken Sie sich diese Orte, denn sie eignen sich oft gut zur Bepflanzung.

Erlaubnis einholen: Erläutern Sie Ihre Idee. Sie müssen genau erklären, warum Bestäuberpflanzen so wichtig für die Umwelt sind, den genauen Ort, den Sie im Blick haben, beschreiben und wie Sie sicherstellen wollen, dass Ihr Projekt sicher und gut geplant ist und in Zukunft gepflegt wird. Oft rennen Sie offene Türen ein und erhalten sogar noch Unterstützung.

Marginale Gewinne: Ich nenne meinen Ansatz „marginale Gewinne", nicht nur, weil ich jeden kleinen Erfolg zähle, sondern auch, weil ich gelernt habe, wie viel Pflanzfläche man an kleinen Flächen wie an Rändern von Gebäuden, Zäunen, Mauern etc. schaffen kann. Öffnen Sie den Boden entlang des ausgewählten Streifens, um dort ein möglichst langes Beet anzulegen. Auch wenn es schmal ist, kann es ein üppiger Garten für Bestäuber sein.

Hilfe hinzuholen: Große Firmen haben ESG-Kriterien (für Umweltschutz, soziale Verantwortung und nachhaltige Unternehmensführung) und stellen sich einer gesellschaftlichen Verantwortung. Im Rahmen dessen suchen sie oft Möglichkeiten, wie sich ihre Mitarbeiter freiwillig vor Ort engagieren können. Es lohnt sich, diese Firmen anzusprechen, und ihnen Argumente für eine Bepflanzung zur Förderung von Bestäubern und der Artenvielfalt vorzutragen.

COLLIN STREET BAKERY

KAPITEL 7

BIENENFREUNDLICH

planen und pflanzen

BIENENFREUNDLICH PLANEN UND PFLANZEN

Die Listen in diesem Kapitel enthalten Pflanzen, von denen man weiß, dass sie Wildbienen erheblich nützen, wobei sie keineswegs vollständig sind – es gibt zahllose andere, die ich hier nicht aufzählen kann.

Außerdem finden Sie hier ein paar Grundprinzipien für bienenfreundliches Pflanzen, die Ihnen hoffentlich helfen, egal ob Sie schon Erfahrung beim Gärtnern haben oder noch nicht.

In diesem Kapitel erfahren Sie auch, wie man ein Etikett liest, wie die lateinischen Bezeichnungen funktionieren, was Sie von einer Pflanze erwarten und wie Sie eine fundierte Auswahl treffen können.

BIENENFREUNDLICHE PFLANZEN AUSWÄHLEN

Die Pflanzempfehlungen gehen auf zahlreiche Quellen zurück, auf Feldbeobachtungen von Naturschützern, Gartenfachleuten und Bienenfreunden sowie auf wissenschaftliche Studien. Es wird immer lautstarke Meinungsverschiedenheiten über „das Beste vom Besten“ geben, aber ich habe versucht, den stärksten Konsens einer großen Gemeinschaft wiederzugeben.
Manche Pflanzen hier profitieren teilweise von bestimmten Bienenarten, aber alles, was aufgelistet ist, dient mindestens zwei von drei Bienengruppen: Solitärbienen, Hummeln und Honigbienen. Die große Mehrzahl unterstützt alle drei.
Um möglichst viele Pflanzen zu nennen, führe ich sie nicht mehrfach an. Es lohnt sich also, alle Listen durchzulesen, um einen möglichst umfassenden Überblick zu erhalten.

ES GEHT NICHT NUR UM GROSSE GÄRTEN

Viele der angeführten Pflanzen, vor allem die auf Seite 176 und 178, sind wunderbar für Töpfe geeignet, sowohl für größere Kübel als auch für kleinere für die Fensterbank. Das Tolle an Pflanztöpfen ist eine un-

begrenzte Flexibilität. Da man dabei die Kontrolle über die Beschaffenheit der Erde hat, hat man eine viel größere Auswahl bei den Pflanzen, zudem kann man frei stehende Töpfe nach Bedarf in die Sonne oder in den Schatten stellen.

Lassen Sie auch nicht die Mauern oder Zäune außer Acht, man kann daran ein oder zwei Kletterpflanzen setzen, notfalls auch im Topf. In die Höhe wachsende Pflanzen werden oft übersehen, können aber bei jedem Bepflanzungsprojekt, ob groß oder klein, viele zusätzliche Futterquellen bereitstellen.

Jedoch müssen Topfpflanzen häufiger gegossen werden. Der Wind trocknet sie schnell aus und oft dringt auch starker Regen nicht genug in die Erde eines dicht bepflanzten Kübels oder Topfes ein.

MIT DIESEN LISTEN UMGEHEN

Wenn Sie eine hier erwähnte Art nicht kennen, sehen Sie im Internet nach. Informieren Sie sich über ihre Bedürfnisse (Größe, Boden, Sonne, Eignung) sowie über speziell bienenfreundliche Optionen. Die gewählte Pflanze sollte Sie genauso glücklich machen wie die Bienen – ein Garten kann nützlich und schön zugleich sein.

DAS ETIKETT LESEN

Bei der Auswahl der Pflanzen müssen Sie nicht nur den zur Verfügung stehenden Platz berücksichtigen, sondern auch das Klima, die Beschaffenheit des Bodens und andere Faktoren. Lassen Sie sich bitte davon nicht entmutigen – es klingt kompliziert, aber eigentlich muss man nur das Etikett an der Pflanze lesen und schnell ein paar Dinge prüfen, die bald zur Gewohnheit werden.
Im Folgenden listen wir einige wichtige Fragen auf, die man sich immer stellen sollte, bevor man etwas pflanzt. Das Mantra „die richtige Pflanze für den richtigen Ort" ist zwar alt, aber immer noch wichtig.

Braucht sie Sonne oder Schatten?

Finden Sie heraus, wie viel Sonne den Tag über auf die gewünschte Pflanzstelle fällt. Viele Nektarpflanzen mögen Sonne, aber viele Pflanzen, die Halbschatten oder Schatten mögen, bieten guten Pollen.

Wie hoch wächst sie und wie sehr breitet sie sich aus?

Stellen Sie sicher, dass der Platz für die ausgewählte Pflanze dauerhaft groß genug ist.

Ist sie invasiv und könnte sie den Garten erobern?

Wenn sie gute Bedingungen haben, breiten sich viele (vor allem wilde) Arten wie verrückt aus. Manchmal kann man den Plänen einer Pflanze einen Strich durch die Rechnung machen, indem man sie unter „nicht ganz richtigen" Bedingungen ansiedelt. Mir ist das einmal mit Schlingknöterich *(Fallopia baldschuanica)* gelungen, aber das ist eine riskante Strategie.

Wie ist die Beschaffenheit und Zusammensetzung des Bodens?

Wenn Sie Kübel bepflanzen oder Beete mit dicker Mulchschicht abdecken, die nicht umgegraben wird, müssen Sie sich darum nicht viel Gedanken machen, weil Sie das Substrat ja kontrollieren können. Aber sonst ist es wichtig, die Beschaffenheit der Erde sowie deren Säuregehalt zu kennen.

Viele Pflanzen haben ganz spezielle Bedürfnisse. Wenn Sie wissen, wie der Grund, in den Sie sie setzen, beschaffen ist, ersparen Sie sich die Enttäuschung, dass sie darin eingehen.

WICHTIGE BEGRIFFE ZUM THEMA GÄRTNERN

Pflanzen haben ihren eigenen Rhythmus, Lebensdauer und Toleranzen. Manche blühen jedes Jahr, manche nur einmal. Bei manchen handelt es sich um Arten, bei anderen um Varietäten, bei wieder anderen um Hybride. Hier folgen wichtige Begriffe, auf die man stößt, wenn man sich mit Pflanzen beschäftigt oder die Etiketten studiert.

BLÜTEZEIT (Nordhalbkugel)

FRÜHLING: *März, April, Mai*
SOMMER: *Juni, Juli, August*
HERBST: *September, Oktober, November*
WINTER: *Dezember, Januar, Februar*

WINTERHART

Gärtner nennen eine Pflanze „winterhart", wenn sie auch Bedingungen wie Frost und anderen Wetterextremen standhalten kann. Winterharte Pflanzen eignen sich für den Beginn gut für weniger erfahrene Gärtner, außer wenn man in himmlischen Gefilden lebt.
Winterhärte reicht von „bedingt winterhart" über „ausreichend winterhart" bis hin zu „absolut winterhart". Für alle, die gerne mit Fakten und Zahlen umgehen, gibt es dazu auch wissenschaftliche Skalen. Der Klimawandel hat tiefgreifende Auswirkungen auf die geografischen Standorte, an denen bestimmte Pflanzen angebaut werden können, und auf die Blütezeiten heimischer Pflanzen. Dies hat auch Folgen für die Bienen (siehe Seite 49–53).

LEBENSZYKLUS VON PFLANZEN

Einjährig

Einjährige Pflanzen blühen nur in einem Jahr und sterben dann ab. Manche von ihnen sind wichtige Futterpflanzen für Bestäuber, vor allem, weil sie oft üppig blühen. Viele von ihnen werfen auch ihre Samen ab und wachsen daraus dann Jahr für Jahr neu. Für mich sind einjährige Pflanzen die Butter auf dem Brot, eine schnelle Möglichkeit, jede Stelle im Garten schnell mit etwas Glamour zu schmücken und/oder Bienen eine Futtermöglichkeit zu bieten.

Zweijährig

Diese Pflanzen blühen in einem zweijährigen Zyklus. Im ersten Jahr entwickeln sie Blattansätze, die überwintern und im folgenden Jahr blühen und Samen bilden und dann absterben.

Mehrjährige

Pflanzen, die drei Jahre oder länger leben, nennt man mehrjährig. Diese sind die Ankerpunkte, die Sie brauchen, um einem Garten dauerhaft Struktur zu verleihen.

- Die oberirdischen Pflanzenteile von Stauden sterben jedes Jahr ab, wachsen aber im nächsten Jahr nach.

- Mehrjährige Gehölze wie Bäume und Büsche und manche Kletterpflanzen haben holzige Stängel, die nicht absterben.
- Mehrjährige Gehölze können laubabwerfend oder immergrün sein.

Laubabwerfend
Laubabwerfende Pflanzen verlieren zu einem bestimmten Zeitpunkt die Blätter, meist im Herbst.

Immergrün
Wie der Name schon sagt, werfen immergrüne Pflanzen ständig Blätter ab und wachsen nach, sodass sie das ganze Jahr über grün bleiben.

GATTUNG/ART/VARIETÄT/SORTE

- In der Pflanzentaxonomie gibt der erste Name die Gattung an, zum Beispiel *Salvia*. An zweiter Stelle des botanischen Namens folgt die Art, zum Beispiel *Salvia nemerosa*. Die Buchstaben „sp." sind eine Abkürzung für das entsprechende lateinische Wort „species" (Plural „spp.").

- Viele Arten haben natürlicherweise Varietäten, die oft mit „var." angegeben werden.

- Hybriden sind Kreuzungen, die durch die Befruchtung einer bestimmten Sorte einer Varietät mit dem Pollen einer anderen, genetisch unterschiedlichen Varietät dieser Klasse entstehen.

- Hybridpflanzen können auf natürliche Weise entstehen, sind meist aber von Menschen geschaffene Sorten. Im Namen wird dies durch einfache Anführungszeichen (oben) angegeben, zum Beispiel *Salvia nemorosa* 'Ostfriesland'. Mit „Sorte" meint man gemeinhin eine „gezüchtete Varietät".

- Einige Sorten wie zum Beispiel die Geranie 'Rozanne' ziehen Bienen an, aber sehr viele dieser Neuzüchtungen sind für Bestäuber wertlos.

HEIMISCH ODER NICHT HEIMISCH?

Dies ist ein umstrittener Bereich, nicht zuletzt wegen der Feinheiten der Definition – ab wann kann beispielsweise eine seit Langem eingebürgerte Pflanze als heimisch betrachtet werden?
Wildbienen, vor allem Solitärbienen, sind von der heimischen Flora (vor allem von Wildblumen) abhängig – viel mehr noch als Honigbienen und manche Hummelarten. Für sie ist es lebenswichtig, dass ihnen diese heimischen Wildpflanzen weiterhin zur Verfügung stehen.
Aber der Klimawandel führt zu Extremereignissen und zwingt uns, nach Bestäuberpflanzen zu suchen, die hitze-/kälte-/dürreresistenter sind. Bienenfreundliche Pflanzen aus Nordamerika, dem Nahen Osten, Afrika, Asien und Australien und Neuseeland gedeihen bereits weit von ihren Ursprungsregionen entfernt. Viele gibt es schon seit Hunderten von Jahren in britischen Gärten.
Verfechter heimischer Pflanzen wettern gegen die Flut fremder Pflanzen, und ja, das ist aus ökologischer Sicht nicht ideal – das Verbringen von Pflanzen oder Tieren um den Globus hat immer unvorhergesehene Folgen. Aber hier kann man sich kaum vorstellen, die Uhr wieder zurückzudrehen.

HAUPTPRINZIPIEN BEIM BIENENFREUNDLICHEN PFLANZEN

IN GRUPPEN UND STREIFEN ANPFLANZEN

Ahmen Sie die Natur nach, indem Sie gleiche Arten in großen Gruppen anpflanzen, oder schaffen Sie Korridore mit einer bestimmten Pflanze, die sich an Pflanzstreifen anderer Arten schmiegen. Wenn Sie Kübel bepflanzen, mischen Sie nicht zu viel – am besten eine Pflanzenart pro Topf. Mit dieser Anordnung können die Bienen Energie sparen, vor allem solche, die nur an einer einzigen Blütenart Futter sammeln.

REALISTISCH SEIN

Ihre Gartenarbeit lohnt sich umso mehr, wenn die Pflanzen gut gedeihen. Viele von uns haben chronisch wenig Zeit, daher ist es sinnvoll, dass die Grundlage Ihres Bestäubergartens aus robusten, pflegeleichten Pflanzen besteht, die den Boden bedecken und das Unkrautjäten überflüssig machen. Setzen Sie Bäume, Kletterpflanzen und viele unterschiedliche Sträucher (wenn Sie Platz dafür haben) sowie dichte Gruppen und Streifen lang blühender dürreresistenter Stauden. Zum Schmuck setzen Sie dann wilde oder gezüchtete ein- oder mehrjährige Pflanzen dazu. Abgesehen von großen Bäumen kann man das meiste davon auch in Blumenkübel pflanzen.

UNKRAUT SCHÄTZEN

Wenn Sie Ihre Ansichten über „Unkraut" wie Löwenzahn und Disteln ändern und akzeptieren, dass ein wildtier- und bestäuberfreundlicher Garten von einer kontrollierten Kombination aus Wild- und Kulturpflanzenarten profitiert, ist der Garten für Sie nicht mehr ein stark kultivierter Raum. Mähen Sie in unregelmäßigen Abständen, damit kleine Arten wie Gänseblümchen und Klee wachsen können, und lassen Sie von Frühlingsbeginn bis zum Sommerende Ränder stehen, die Sie nur 2- bis 3-mal im Jahr schneiden, meist im März (eventuell August) und Oktober. Wertvolle, aber invasive Wildarten bekommt man gut in den Griff, wenn man die Blütenköpfe abschneidet.

PFLANZEN FÜR ALLE VIER JAHRESZEITEN

Fast das ganze Jahr über sind Bienen aktiv, vor allem, seit die Winter wegen des Klimawandels wärmer werden. Stellen Sie ihnen in allen vier Jahreszeiten Futter zur Verfügung, damit neue Blumen aufblühen, wenn ein Schwung Blütenquellen abstirbt. Vor allem im Zeitraum zwischen Spätherbst und Frühlingsbeginn sollte man darauf achten. Ein anderer sensibler Zeitpunkt ist der Frühsommer, dann gibt es oft eine Delle bei den Blühphasen.

AUF CHEMIE VERZICHTEN

Heutzutage gibt es viele biologische Alternativen zu giftigen Pestiziden und Düngemitteln. Informieren Sie sich über biologische Methoden und holen Sie sich Rat von Gartenexperten. Auch wenn Sie zunächst noch nicht völlig ohne Agrochemie auskommen, ein Anfang ist besser als nichts. Kaufen Sie Saatgut, Pflanzen und torffreie Blumenerde nach Möglichkeit aus biologischem Anbau, um sicherzustellen, dass sie nicht mit Chemikalien vorbehandelt wurden (siehe Seite 138).

EINFACHE BLÜTENFORMEN WÄHLEN

Viele Pflanzen wurden von Züchtern „verbessert“, indem sie neue Formen, Farben, Größen und so weiter entwickelt haben. Gelegentlich kann das für Bienen von Vorteil sein, aber meist geht damit ein signifikanter Verlust an Futter verloren.

So hat eine freche Pompon-Dahlie, die sich meilenweit von ihrer ursprünglichen, offenen Form entfernt hat, den Bienen nicht mehr zu bieten als eine Rose mit gefüllten Blütenblättern. Viele andere Pflanzen erleiden dasselbe Schicksal, wenn die Züchtungen stark von den ursprünglichen Formen abweichen. Halten Sie sich möglichst nah an die wilden Arten mit einfachen, ursprünglichen Blütenformen.

VIOLETT UND BLAU BEVORZUGEN

Wenn Sie sich fragen, warum so viele in diesem Buch vorkommende Pflanzen violett oder blau sind – das ist kein Zufall. Violette, blaue und weiße Blüten sind sehr gut sichtbar und besonders anziehend für Bienen, die Gelb, Blau und Grün bis in den ultravioletten (UV) Bereich sehen können (siehe Seite 28–29).

20 BÜSCHE UND BÄUME FÜR BIENEN

Büsche und Bäume sind essenziell für viele Bienenarten, sie blühen zwar oft nur kurz, dann sind sie aber ein Fest für die Bestäuber. Zudem stellen sie für zahllose Arten wichtigen Lebensraum zur Verfügung.

TRIVIALNAME	LATEINISCHER NAME	BLÜTEZEIT
Brombeere	*Rubus fruiticosus*	*Mai bis September*
Apfel	*Malus pumila (oder domestica), Malus sylvestris Holzapfel (einfache Form ohne gefüllte Blüten)*	*April bis Mai*
Johannisbeere	*Ribes sanguinem Blut-Johannisbeere, R. nigrum Schwarze Johannisbeere, R. rubrum Rote/Weiße Johannisbeere*	*April bis Mai*
Weißdorn	*Crataegus spp. u. a.: C. monogyna Eingriffeliger Weißdorn, C. Laevigata Zweigriffeliger Weißdorn*	*Mai bis Juni*
Kirsche *(keine gefüllten Blüten)*	*Prunus cerasus Sauerkirsche, P. padus Gewöhnliche Traubenkirsche, P. avium Vogelkirsche P. × yedoensis Yoshino-Kirsche, P. spinosa Schlehe*	*April bis Mai*
Wildrose	*Rosa rubiginosa Wein-Rose, Eglantine, R. rugosa Kartoffel-Rose, R. canina Hundsrose, R. spinossima Bibernell-Rose*	*Hauptsächlich Juni bis Juli*
Erle	*Alnus glutinosa Schwarz-Erle, A. cordata Herzblättrige Erle*	*Kätzchen Januar bis März / Kätzchen Februar bis April*
Weide Busch/Baum/ Hecke	*Salix spp. u. a.: Salix caprea Sal-Weide oder Kätzchenweide, S. babylonica Korkenzieher-Weide, S. cinerea Asch-Weide*	*Kätzchen Februar bis März, je nach Art*
Esskastanienbaum	*Aesculus hippocastanum Gewöhnliche Rosskastanie, Castanea sativa Edelkastanie*	*Blüten im Mai Kätzchen im Juli*
Stechpalmen-Busch/ Baum/Hecke	*Ilex spp. u. a.: I. aquifolium Europäische Stechpalme, I. opaca Amerikanische Stechpalme, I. glabra Kahle Winterbeere/Tintenbeere, I. crenata Japanische Stechpalme*	*Mai bis Juni*

TRIVIALNAME	LATEINISCHER NAME	BLÜTEZEIT
Ahornbaum	*Acer spp. u. a.: A. campestre, Feld-Ahorn, A. rubrum Rot-Ahorn*	*April bis Mai*
Robinienbaum *(Falsche Akazie)*	*Robinia Pseudoacacia Gewöhnliche Robinie*	*Mai bis Juni*
Lindenbaum	*Tilia spp u. a.: T. cordata Winterlinde, T. platyphyllos Sommerlinde, T. maximowicziana Japanische Linde, Tilia × europeaea*	*Juni bis Juli*
Stechginster-Busch/-Hecke	*Ulex europaeus*	*Februar bis Juni*
Heidekraut	*Erica spp. und Calluna spp., u. a.:*	
	C. vulgaris Besenheide,	*August bis Oktober*
	E. cinerea Grauheide,	*März bis September*
	E. tetralix Glocken-Heide,	*Juni bis September*
	E. carnea Schneeheide	*Januar bis April*
Ginster-Busch/-Hecke	*Cytisus spp. u. a.: C. scoparius (Besenginster), C. multiflorus Vielblütiger Geißklee*	*Mai bis Juni*
Liguster-Busch/Baum/Hecke	*Ligustrum spp. u. a.: L. ovalifolium Ovalblättriger Liguster, L. vulgare Gewöhnlicher Liguster*	*August bis September*
Hebe als Busch/Hecke, *nur blühende Arten verwenden*	*Hebe spp. u. a.:*	
	H. brachysiphon Strauchveronika	*Juli bis August*
	H. hulkeana New Zealand Lilac	*April bis Mai*
	H. 'Autumn Glory' (Blüte im Herbst)	*Juli bis Oktober*
Schmetterlingsflieder als Busch/Baum	*Buddleja spp., u. a.: B. globosa Kugel-Sommerflieder, B. davidii (Schmetterlingsflieder), B. × weyeriana*	*Mai bis Oktober*
Zwergmispel-Busch/Baum/Hecke	*Cotoneaster spp., u. a.: C. lucidus Glanz-Zwergmispel, C. adpresssus Spalier-Zwergmispel, C. horizontalis Fächer-Zwergmispel,*	*Mai bis Juli*
	C. frigidus Himalaya-Baum-Zwergmispel	*Juni bis Juli*

20 WILDBLUMEN, DIE FÜR BIENEN WICHTIG SIND

Auch wenn dies eigentlich Wildblumen sind, kann man die meisten von ihnen auch im Garten anpflanzen. Aber bedenken Sie, dass viele tendenziell invasiv sind, und informieren Sie sich zunächst, bevor Sie vielleicht bestehende Pflanzen an sie verlieren.

TRIVIALNAME	LATEINISCHER NAME	BLÜTEZEIT
Löwenzahn	*Taraxacum officinale Gewöhnlicher Löwenzahn*	*Mai bis Oktober*
Klee	*Trifolium spp. u. a.: T. pratense Wiesenklee*	*Mai bis Oktober*
	T. repens Weißklee,	*Juni bis September*
	T. hybrida Schweden-Klee,	*April bis Oktober*
	Melilotus spp. Steinklee	*Mai bis September*
Hornklee	*Lotus corniculatus Gewöhnlicher Hornklee, Hornklee*	*Mai bis September*
	Trifolium dubium Faden-Klee	*Mai bis Juni*
Weidenröschen	*Chamerion angustifolium, Schmalblättriges Weidenröschen*	*Juni bis September*
	Epilobium hirsutum Zottiges Weidenröschen	*Juli bis August*
Taubnessel	*Lamium spp. u. a.:*	
	L. album Weiße Taubnessel,	*März bis November*
	L. purpureum Purpurrote Taubnessel,	*März bis November*
	L. maculatum Gefleckte Taubnessel	*Mai bis Juni*
Berufkräuter	*Pilicaria dysenterica Großes Flohkraut*	*Juli bis September*
Salbei-Gamander	*Teucrium scorodonia*	*Juli bis September*
Karden	*Dipsacus spp.*	*Juli bis August*
Echter Meerkohl	*Crambe maritima, C. cordifolia*	*Mai bis Juli*
Gewöhnlicher Strandflieder	*Limonium vulgare*	*Juli*

TRIVIALNAME	LATEINISCHER NAME	BLÜTEZEIT
Wilde Malve	*Malva sylvestris*	*Juni bis Oktober*
Knöterich	*Persicaria bistorta Schlangen-Knöterich,* *Persicaria maculosa Floh-Knöterich*	*Juni bis September* *Juni bis Oktober*
Flockenblumen	*Centaurea spp. u. a.: C. nigra Schwarze Flockenblume, C. scabiosa Skabiosen-Flockenblume*	*Juni bis September*
Wicken	*Vicia spp. u. a.: Vicia sativa Futterwicke,* *Anthyllis vulneraria Echter Wundklee,* *Lathyrus pratensis Wiesen-Platterbse,* *Hippocrepis comosa Gewöhnlicher Hufeisenklee*	*Mai bis September* *Juni bis September* *Mai bis August* *Mai bis Juli*
Natternkopf-Bitterkraut	*Helminthotheca echioides*	*Juni bis November*
Pippau	*Crepis spp. u. a.:* *C. capillaris Kleinköpfiger Pippau,* *C. vesicaria Gewöhnlicher Blasen-Pippau,* *C. biennis Wiesen-Pippau*	 *Juni bis September* *Mai bis Juli* *Juli bis September*
Gundermann	*Glechoma hederacea (gehört zur Familie der Minze, nicht eigentlich zum Gundermann!)*	*März bis Juli*
Kleine Braunelle	*Prunella vulgaris*	*Juni bis Oktober*
Braunwurzen	*Scrophularia spp. u. a.: S. nodosa*	*Juli bis September*
Wilde Doldenblütler	*Familie der Doldenblütler, u. a.:* *Daucus carota Wilde Möhre,* *Anthriscus sylvestris Wiesen-Kerbel,* *Smyrnium olusatrum Pferdeeppich,* *Angelica archangelica Arznei-Engelwurz,* *Pastinaca sativa Wilder Pastinak,* *Heracleum sphondylium Wiesen-Bärenklau*	 *Juni bis August* *Mai bis Juni* *April bis Juni* *Juni bis Juli* *Juni bis September* *Mai bis August*

DIE 20 WICHTIGSTEN HEIL- UND KÜCHENKRÄUTER FÜR BIENEN

Diese Kräuter haben wirkungsvolle heilende Eigenschaften und sind oft auch aromatische Zutaten in der Küche. Aber Sie müssen Ihre Kräuter blühen lassen, wenn sie Bienen von Nutzen sein sollen, widerstehen Sie daher der Versuchung, die Spitzen davon abzuknipsen. Ich pflanze immer einige für die Küche und einige für die Bienen an.

TRIVIALNAME	LATEINISCHER NAME	BLÜTEZEIT
Rosmarin	*Salvia rosmarinus (früher Rosmarinus officinalis)*	*April bis Juni*
Minze	*Mentha spp. u. a.: Mentha × piperita Pfefferminze/Mentha spicata Grüne Minze,*	*August bis September*
	Pycnanthemum spp. Bergminze	*Spätsommer*
Basilikum	*Osimum spp. u. a.: O. tenuiflorum Indisches Basilikum, O. basilicum var. minimum Griechisches Basilikum, O. basilicum var. thyrsiflora Thai-Basilikum*	*Juli bis September*
Katzenminze	*Nepeta spp. u. a.: N. cateria Katzenminze, N. × fassenii Garden-Katzenminze, N. racemose*	*Juni bis September*
	Calamintha nepeta Kleinblütige Bergminze	*Juli bis September*
Echter Beinwell	*Symphytum officinale*	*Mai bis Juli*
Eisenkraut (Ysop)	*Hyssopus officianalis*	*Juli bis September*
Fenchel	*Foeniculum vulgare Gewöhnlicher Fenchel,*	*Juli bis August*
	F. vulgare var. dulce Gewürz-Fenchel	*Juni bis August*
Borretsch	*Borago officinalis*	*April bis Oktober*
Ringelblume	*Calendula officinalis Ringelblume*	*Juni bis September*
Kamille	*Chamaemelum nobile Römische Kamille,*	*Juni bis August*
	Matricaria chamomilla Echte Kamille,	*Juni bis Juli*
	Anthemis arvensis Acker-Hundskamille	*Juni bis September*

TRIVIALNAME	LATEINISCHER NAME	BLÜTEZEIT
Goldmelisse	*Monarda spp. u. a.: M. punctata Pferdeminze, M. didyma Scharlach-Indianernessel, M. fistulosa Wilde Bergamotte*	*Juli bis September*
Dill	*Anethum graveolens*	*Mai bis Juli*
Lavendel	*Lavandula spp. u. a.: L. angustifolia Echter Lavendel, L. × intermedia 'Hidcote Giant', L. 'Edelweiss'*	*Juni bis August*
Zitronenmelisse	*Melissa officinalis*	*Juni bis September*
Wasserdost	*Eupatorium cannabinum Gewöhnlicher Wasserdost, Eupatorium perfoliatum Durchwachsener Wasserdost*	*Juli bis September* *August bis September*
Oregano/ Marjoran	*Origanum spp. u. a.: O. vulgare Orgeano, O. majorana Majoran, O. syriacum Syrischer Oregano, O. onites Griechischer Oregano*	*Juni bis September* *Juli bis September*
Salbei	*Salvia officinalis*	*Juni bis August*
Thymian	*Thymus spp. u. a.: T. polytrichus Gebirgs-Thymian, T. vulgaris Garten-Thymian, T. capitatus Kopfiger Thymian, T. × citriodorus Zitronen-Thymian*	*Mai bis August*
Schafgarbe	*Achillea millefolium Gemeine Schafgarbe Achillea tomentosa Gelbe Schafgarbe*	*Juni bis September*
Koriander	*Coriandrum sativum*	*Sommer*

20 GARTENBLUMEN, DIE FÜR BIENEN WICHTIG SIND

Viele hier aufgelistete Arten sind zwar Wildblumen, wachsen aber auch gut in Gärten. Manchmal ist die Auswahl zu groß, vor allem, wenn es von einer Art eine Vielzahl von Sorten oder Züchtungen gibt. Daher sollten Sie sich vor dem Kauf im Internet über die Bienenfreundlichkeit der Pflanzen informieren.

ZEICHEN

Biene: Die hier aufgelisteten Arten/Varietäten/Züchtungen sind bienenfreundlich.

Blume: Größe/Farbe/Lebensraum ist für viele Stellen im Garten geeignet, auch als Kübelpflanze

TRIVIALNAME	LATEINISCHER NAME	BLÜTEZEIT
Aster	*Aster novi-belgii Neubelgische Aster, A. tripolium Strand-Aster, A. × frikartii 'Mönch' Berg-Aster, Symphyotrichum cordifolium Schleier-Aster, Eurybia divaricate Weiße Wald-Aster, A. lateriflorus Waagerechte Herbst-Aster, außerdem: Kamille (dieselbe Familie) einschl. Anthemis tinctoria*	*Sommer bis Herbst*
Salbei	*Salvia Nemorosa Hain-Salbei, S. × sylvestris 'Caradonna', S. 'Amistad', S. sclarea Muskateller-Salbei, S. viridis Schopfsalbei, S. yangii (früher Perovskia atriplicifolia) Russischer Salbei, S. Rosmarinus (früher Rosmarinus officinalis) Rosmarin*	*Frühling bis Herbst*
Winterharter Storchschnabel *(Storchschnabel oder echte Geranie)**	*Geranium 'Rozanne', Geranium 'Spinners' Geranium maculatum Gefleckter Storchschnabel, G. maculatum 'Beth Chatto', G. robertianum Ruprechtskraut, G. sanguineum var. striatum Blut-Storchschnabel, G. pratense Wiesen-Storchschnabel, G. pratense 'Striatum' und 'Spinners'*	*Frühling bis Herbst*
Lungwort	*Pulmonaria officinalis Geflecktes Lungenkraut, P. officinalis 'Opal', P. rubra var albocorollata*	*Frühlingsbeginn bis Frühsommer*

* *(Nicht zu verwechseln mit Pelargonien)*

TRIVIALNAME	LATEINISCHER NAME	BLÜTEZEIT
Ziest	*Stachys officinalis Echter Ziest, S. sylvatica Wald-Ziest, S. byzantina Woll-Ziest, S. 'Hummelo'*	*Sommer*
Schafgarbe	*Achillea millefolium Gemeine Schafgarbe, A. millefolium 'Proa', A. clypeolata Goldquirl-Garbe, A. filipendulina 'Cloth of Gold', Hohe Garten-Goldgarbe, A. ptarmica 'The Pearl', A. taygetea Griechische Schafgarbe, A. tomentosa Gelbe Schafgarbe*	*Sommer bis Herbst*
Glockenblume	*Campanula rotundifolia Harebells (Rundblättrige Glockenblume), C. glomerata Knäuel-Glockenblume, C. carpatica Karpaten-Glockenblume, C. medium Marien-Glockenblume, C. trachelium Nesselblättrige Glockenblume, C. rapunculus Rapunzel-Glockenblume*	*Sommer bis Herbst*
Flockenblume	*Centaurea cyanus Kornblume, C. montana Perennial Berg-Flockenblume, C. nigra Schwarze Flockenblume, C. scabiosa Skabiosen-Flockenblume, C. moschata Duft-Flockenblume*	*Sommer bis Herbst*
Natternköpfe	*Echium vulgare Gewöhnlicher Natternkopf, E. vulgare 'Blue Bedder', E. pininana Riesen-Natternkopf*	*Frühsommer bis Herbst*
Fingerhut	*Digitalis purpurea Heimischer Fingerhut, D. lanata Wolliger Fingerhut, D. parviflora Kleinblütiger Fingerhut*	*Frühling bis Frühsommer*
Blauer Eisenhut	*Aconitum napellus, A. napellus Garten-Eisenhut Spark, A. carmichaelii*	*Sommer*
Nieswurz *Wählen Sie einfache, für Bienen gut zugängliche Blütenformen*	*Helleborus niger Schwarze Christrose, H. orientalis Frühlings-Nieswurz, H. viridis Grüne Nieswurz, H. foetidus Stinkende Nieswurz, H. × hybridus, H. × sahinii 'Winterbells', H. × ballardiae*	*Dezember bis April*

TRIVIALNAME	LATEINISCHER NAME	BLÜTEZEIT
Skabiosen/Knautia	*Centaurea scabiosa Skabiosen-Flockenblume, Knautia Macedonia Mazedonische Witwenblume, K. arvensis Acker-Witwenblume*	*Sommer bis Herbst*
Sedum/Fetthenne	*Sedum spectabile Prächtige Fetthenne, S. spectabile 'Autumn Joy', S. telephium 'Matrona', S. spurium, S. album*	*Frühling bis Herbst*
Disteln	*Echinops spp. Kugeldistel, u. a.: E. sphaerocephalus Drüsenblättrige Kugeldistel, E. bannaticus Banater Kugeldistel, E. ritro 'Veitch's Blue', Eryngium maritimum Stranddistel, E. planum Flachblatt-Mannstreu, E. zabelii 'Big Blue', E. × tripartitum, E. alpinum Alpen-Mannstreu, E. giganteum, Cirsium rivulare 'Atropurpureum' Purpur-Kratzdistel, C. vulgare Gewöhnliche Kratzdistel, C. dissectum Englische Kratzdistel, Silybum marianum Mariendistel*	*Sommer bis Herbst*
Verbene	*Verbena bonariensis Patagonisches Eisenkraut, V. rigida Steifes Eisenkraut, V. speciosa 'Imagination' Hänge-Verbene, V. hybrida 'Peaches and Cream'*	*Sommer bis Herbst*
Ehrenpreis	*Veronica longifolia Langblättriger Ehrenpreis, V. spicata Ähriger Ehrenpreis, V. chamaedrys Gamander-Ehrenpreis*	*Frühling bis Herbst*
Duftnessel	*Agastache foeniculum Anis-Duftnessel, A. 'Blue Boa', A. 'Black Adder', A. rugosa Koreaminze*	*Sommer bis Herbst*
Veilchen	*Viola odorata Duftveilchen, V. riviana purpurea Purpurblättriges Veilchen, 'V. cornuta Hornveilchen*	*Winter bis Frühsommer*
Anemone	*Anemone nemorosa Buschwindröschen, A. blanda Balkan-Windröschen, A. coronaria Kronen-Anemone*	*Winterende bis Frühling*

DIE 10 BESTEN GEMÜSE- UND OBSTSORTEN IM GARTEN FÜR BIENEN

Sehr viele unserer Gemüse- und Obstpflanzen werden von Bienen bestäubt. Von einigen, etwa von Kohl, essen wir nur die Blätter, die geerntet werden, bevor die Pflanzen blühen. Aber wenn wir manche davon auch blühen lassen, können wir die Bienen füttern und Samen für das nächste Jahr produzieren.

TRIVIALNAME	LATEINISCHER NAME	BLÜTEZEIT
Artischocken und Karden	*Cynara cardunculus Wilde Artischocke, C. cardunculus var. scolymus Artischocke*	*Juni bis September*
Rübe	*Brassica rapa rapa Speiserübe*	*Je nach Zeitpunkt der Aussaat*
Grünkohl	*Brassica oleracea (Acephala Zierkohl)*	*Frühling*
Heidelbeere	*Vaccinium spp. u. a.: V. myrtillus Europäische Heidelbeeren*	*Juni bis Juli*
Rettich	*Raphanus spp.*	*Je nach Zeitpunkt der Aussaat*
Erdbeeren	*Fragaria spp.*	*Mai/Juni*
Bohnen- und Erbsengewächse	*Phaseolus spp., Pisum sativum Erbsen, Cicer arietinum Kichererbsen, Vicia faba Dicke Bohne*	*Je nach Zeitpunkt der Aussaat*
Zwiebelgewächse	*Allium spp. u. a.: A. cepa Zwiebel, A. porrum Lauch, A. schoenoprasum Schnittlauch, A. siculum Sizilianischer Honiglauch*	*Mai bis August*
Tomaten	*Solanum lycopersicum*	*Sommer*
Kürbisgewächse	*Cucurbitae spp. u. a.: Zucchini, Kürbis etc.*	*Juni bis August*

10 GUTE KLETTER- UND RANKPFLANZEN

Nutzen Sie vorhandene Mauern und Zäune, um die Blütendichte für Bestäuber zu erhöhen.

TRIVIALNAME	LATEINISCHER NAME	BLÜTEZEIT
Heckenkirsche	*Lonicera spp.,*	
	Lonicera periclymenum,	*Juli bis September*
	L. sempervirens Immergrünes Geißblatt,	*April bis Juli*
	L. japonica Japanisches Geißblatt,	*April bis August*
	L. fragrantissima Wohlriechende Heckenkirsche	*Dezember bis März*
Kletter- und Rankrosen	*Rosa spp. u. a. Kletterrosen: R. filipes 'Kiftsgate', R. moschata, R. polyantha 'Grandiflora', Rankrosen: R. Kew Rambler, R. Rambling Rector, R. Bobbie James*	***Kletterrosen:*** *: Sommer bis Herbst (mehrfache Blüte)* ***Rankrosen:*** *Juni bis Juli (einmalige Blüte)*
Wilder Wein	*Parthenocissus tricuspidata*	*Juni bis August*
Blühender Efeu	*Hedera helix*	*September bis November*
	Hedera colchica Kaukasus-Efeu	*Oktober bis Dezember*
Klematis *Wählen Sie bienenfreundliche Sorten*	*Clematis spp. u. a.*	
	C. tangutica Gold-Waldrebe,	*Juli bis September*
	C. cirrhosa Macchien-Waldrebe (vor allem die Sorte 'Freckles')	*Dezember bis März*
Schwarzäugige Rudbeckie	*Thunbergia alata*	*Juni bis Oktober*
Passionsblume	*Passiflora spp., P. incarnata Winterharte Passionsblume, P. caerulea Blaue Passionsblume, P. edulis Passionsfrucht*	*Juni bis September*
Jasmin	*Jasmimum officinale Echter Jasmin,*	*Juni bis August*
	J. nudiflorum Winterjasmin	*Dezember bis April*
Kapuzinerkresse	*Tropaeolum majus*	*Juli bis September*
Kletterhortensien	*Hydrangea anomala petiolaris*	*Juni bis Juli*

10 BIENENFREUNDLICHE PFLANZEN FÜR FEUCHTE BEREICHE UND MOORE/TEICHUFER

Pflanzen, die gerne ständig Zugang zu Wasser haben, sind oft sehr produktiv und für Bienen attraktiv.

TRIVIALNAME	LATEINISCHER NAME	FLOWERING PERIOD
Brunnenkresse	*Nasturtium officinale*	*März bis Oktober*
Sumpfdotterblume	*Caltha palustris*	*Februar bis Juni*
Wasserminze	*Mentha aquatica*	*Juli bis Oktober*
Echter Eibisch	*Althaea officinalis*	*Juli bis September*
Gewöhnlicher Teufelsabbiss	*Succisa pratensis*	*Juni bis September*
Bach-Nelkenwurz	*Geum rivale*	*Mai bis September*
Wasser-Braunwurz	*Scrophularia auriculata*	*Juni bis September*
Sumpf-Helmkraut	*Scutellaria galericulata Sumpf-Helmkraut,* *Scutellaria lateriflora Virginisches Helmkraut*	*Juni bis September*
Iris	*Iris pseudacorus Sumpf-Schwertlilie,* *Iris versicolor Verschiedenfarbige Schwertlilie,* *Scutellaria lateriflora Virginisches Helmkraut*	*Mai bis August* *Mai bis Juni*
Blut-Weiderich	*Lythrum salicaria Gewöhnlicher Blutweiderich,* *Lysimachia vulgaris Gewöhnlicher Gilbweiderich (Achtung, kann invasiv sein),* *Iris versicolor Verschiedenfarbige Schwertlilie,* *Scutellaria lateriflora Virginisches Helmkraut*	*Juni bis August* *Juni bis September*

10 DÜRRERESISTENTE PFLANZEN FÜR BIENEN

Weil der Klimawandel immer spürbarer wird, wird es wichtiger, Pflanzen zu wählen, die mit Trockenheit zurechtkommen, wenn sie angewachsen sind.

TRIVIALNAME	LATEINISCHER NAME	BLÜTEZEIT
Sonnenbraut	*Helenium spp.*	*Juli bis September*
Echinacea	*Echinacea spp.*	*Juni bis September*
Kokardenblumen	*Gaillardia spp.*	*Juni bis September*
Rote Lichtnelke	*Silene dioica*	*April bis Juli*
Duftnessel	*Agastache foeniculum Anis-Duftnessel*	*Juni bis September*
Coreopsis	*Coreopsis spp.*	*Juni bis September*
Kriechender Rosmarin	*Salvia rosmarinus (früher Rosmarinus officinalis) Prostratus-Gruppe*	*Frühling und Sommer*
Goldrute	*Solidago* spp. *S. canadensis*	*August bis September*
Prachtscharte	*Liatris spicata*	*August bis September*
Sonnenhut	*Rudbeckia spp., R. fulgida var. sullivantii 'Goldsturm', R. hirta Schwarzäugige Rudbeckie*	*Juli bis Oktober*

SPÄTE/FRÜHE FUTTERPFLANZEN: 10 ERGÄNZUNGSVORSCHLÄGE

Futterpflanzen für Bienen im Winter und im zeitigen Frühjahr zu pflanzen, ist von entscheidender Bedeutung. Sie sind als Ergänzung zu den auf den vorherigen Seiten erwähnten früh/spät blühenden Arten gedacht.

TRIVIALNAME	LATEINISCHER NAME	BLÜTEZEIT
Mahonie	*Mahonia spp., Mahonia × media, M. aquifolium Gewöhnliche Mahonie*	*November bis März*
Japanische Zierquitte	*Chaenomeles japonica*	*Februar bis April*
Wohlriechende Heckenkirsche	*Lonicera fragrantissima*	*November bis Februar*
Schöteriche	*Erysimum spp. u. a.: E. cheiranthus, E. bicolor 'Bowles Mauve' Zweifarbiger Schöterich*	*Februar bis Mai* *ganzjährig*
Nieswurz	*Helleborus spp., Sorten mit einfachen Blüten wählen*	*Dezember bis April, je nach Pflanze*
Zwiebelgewächse, u. a. **Krokus**	*Crocus spp. u. a.:* *C. vernus* *C. sativus*	*blühend im Herbst/Winter/ Frühling, je nach Pflanzen*
Trauben-hyazinthe	*Muscari spp. u. a.: Muscari neglectum Weinbergs-Traubenhyazinthe*	*April/Mai*
Schneeglöck-chen	*Galanthus spp. / Sorten mit einzelnen Blüten wählen, etwa die Galanthus nivalis*	*Januar bis März*
Winterling	*Eranthis hyemalis*	*Februar bis März*
Primel	*Primula vulgaris Stängellose Schlüsselblume, P. veris Echte Schlüsselblume, P. elatior Hohe Schlüsselblume*	*Dezember bis Mai* *April bis Mai*
Chinesische Winterblüte	*Chimonanthus praecox*	*Dezember bis Februar*
Westlicher Erdbeerbaum	*Arbutus unedo*	*September bis November*

KAPITEL 8

WEITERFÜHRENDE INFORMATIONEN

WEITERFÜHRENDE INFORMATIONEN

Nachstehend finden Sie eine Liste ausgewählter Anlaufstellen. Egal, ob Sie mehr über die Wissenschaft erfahren möchten, einen Leitfaden zur Bestimmung von Bienen suchen, eine gemeinnützige Organisation unterstützen möchten, Kurse besuchen oder Produkte von empfohlenen Anbietern kaufen möchten. Wir wünschen Ihnen viel Freude beim Stöbern.

Stadtbienen
Stadtbienen.org

Deutschland summt – wir tun was für Bienen
deutschland-summt.de

Bienenretter
bienenretter.de

Pro Biene – Freies Institut für ökologische Bienenhaltung
proBiene.de

Waldstimmung
Waldstimmung.de

Plan Bee
bienenleasing.de

Netzwerk Blühende Landschaft
bluehende-landschaft.de

Aurelia – Es lebe die Biene
aurelia-stiftung.de

Wildbienen.org
Wildbiene.org

Bund für Umwelt und Naturschutz
bund.net

Bienen & Natur (Zeitschrift)
bienenundnatur.de

Deutsches Bienenjournal (Zeitschrift)
bienenjournal.de

Förderverein für Bienen, Bienenkunde und Imkerei der Landwirtschaftskammer NRW
apis-ev.de

JKI Bundesinstitut für Bienenschutz
julius-kuehn.de

Sonepar Bienenschutz-Initiative
markenoffensive.sonepar.de

Heinz-Sielmann-Stiftung
sielmann-stiftung.de

Projekt2028 von Hektar Nektar
projekt2028.com

NOTIZEN

Hier finden Sie Platz für Ihre To-Do-Listen rund um den bienenfreundlichen Garten, Skizzen der verschiedenen Bienenarten und Notizen zu Ihren Bienenbeobachtungen:

Liebe Leserinnen und Leser, wir freuen uns, dass Sie unser Buch in den Händen halten. Ihre Meinung ist uns sehr wichtig und von entscheidender Bedeutung für die Weiterentwicklung unserer Arbeit. Dabei hilft uns Ihr Feedback. Sagen Sie uns, was Sie bewegt und was Sie sich wünschen.
Vielen Dank für Ihre Unterstützung! Erfahren Sie mehr über unser Qualitätsversprechen: ***www.lv-buch.de/qualitaetsversprechen***

Schicken Sie Ihr Feedback an buch@lv.de

KAPITEL 9

REGISTER

der erwähnten Pflanzen

Acker-Hundskamille (Anthemis arvensis) 176
Acker-Kratzdistel (Cirsium arvense) 69, 79, 89, 180
Acker-Senf (Sinapis arvensis) 25, 89, 146
Acker-Witwenblume (K. arvensis) 180
Ahorn (Acer spp.) 75
Feld-Ahorn (Acer campestre)
Rot-Ahorn (A. rubrum)
Akelei (Aquilegia spp.) 101
Amerikanische Stechpalme (Ilex opaca) 172,
Anemone (Anemone spp.) 180
Balkan-Windröschen (Anemone blanda)
Buschwindröschen (A. nemorosa)
Kronen-Anemone (A. coronaria)
Anis-Duftnessel (Agastache foeniculum) 180, 184
Apfel (Malus spp.) 64, 71, 73, 101, 103, 107, 109, 172,
Holzapfel (M. sylvestris)
M. domestica
M. pumila
Artemisia (Artemisia vulgaris) 25
Artischocke (Cynara cardunculus var. scolymus) 181
Arznei-Engelwurz (Angelica archangelica) 175
Asch-Weide (Salix cinerea) 172
Aster 114, 178
Berg-Aster (Aster × frikartii 'Mönch')
Kamille (einschl. Anthemis tinctoria)
Neubelgische Aster (A. novi-belgii)
Schleier-Aster (Symphyotrichum)
Strand-Aster (A. tripolium)
Waagerechte Herbst-Aster (Aster lateriflorus)
Weiße Wald-Aster (Eurybia divaricate)
Atlantisches Hasenglöckchen (Hyacinthoides no-scripta) 71, 75, 107
Augentrost (Euphrasia spp.) 105
Azalee (Rhododendron spp.) 91

Bach-Nelkenwurz (Geum rivale) 183
Balkan-Windröschen (Anemone blanda) 180
Baptisia (Baptisia spp.) 83
Basilikum (Osimum spp.) 25, 176
Griechisches Basilikum (O. var. minimum)
Indisches Basilikum (O. tenuiflorum)
Thai-Basilikum (O. basilicum var. thyrsiflora)
Begonie (Begonia spp.) 114
Berberitze (Berberis spp.) 107, 109
Berg-Ahorn (Acer pseudoplatanus) 73, 99
Berg-Aster (Aster × frikartii 'Mönch') 114, 178
Berg-Sandglöcken (Jasione montana) 81
Bergminze (Pycnanthemum spp.) 176
Besenheide (Calluna vulgaris) 69, 105, 173
Bibernell-Rose (Rosa spinossima) 172
Bienenorchidee (Ophrys apifera) 86
Birke (Betula spp.) 83
Birne (Pyrus spp.) 64, 73
Blauer Eisenhut (Aconitum spp.) 179
A. napellus
Garten-Eisenhut 'Spark' (A. napellus henryi 'Spark')
Herbsteisenheit (A. carmichaelii)
Blauregen (Wisteria) 77
Blut-Storchschnabel (Geranium sanguineum var. striatum) 178
Blut-Weiderich 183
Gewöhnlicher Blutweiderich (Lythrum salicaria)
Gewöhnlicher Gilbweiderich (Lysimachia vulgaris)
Bohnen (Phaseolus spp.) 77, 181
Borretsch (Borago officinalis) 64, 91, 107, 113, 149, 176
Braunwurzen (Scrophularia spp.) 61, 175
S. nodosa

Brennnesseln 143, 147, 149
Große Brennnessel (Urtica dioica)
Schmalblättriger Hohlzahn (Galeopsis angustifolia)
Brombeere (Rubus fruticosus) 71, 82, 101, 107, 109, 114, 172
Brunnenkresse (Nasturtium officinale) 183
Buche (Fagus spp.) 73
Buschwindröschen (Anemone nemorosa) 75, 180

Chinesische Winterblüte (Chimonanthus praecox) 185

Dahlie (Dahlia spp.) 107, 171
Gänseblümchen (Bellis perennis)
Korbblütler (Asteraceae)
Dicke Bohne/Ackerbohne (Vicia faba) 77, 107, 113, 181
Dill (Anethum graveolens) 177
Disteln 69, 79, 83, 85, 89, 99, 101, 105, 107, 109, 114, 170, 180
Acker-Kratzdistel (Cirsium arvense)
Alpen-Mannstreu (Eryngium alpinum)
Banater Kugeldistel (E. bannaticus)
Drüsenblättrige Kugeldistel (Echinops sphaerocephalus) 180
E. zabelii 'Big Blue'
Echinops ritro 'Veitch's Blue'
Englische Kratzdistel (Cirsium dissectum)
Eryngium × tripartitum
Flachblatt-Mannstreu (E. planum)
Gewöhnliche Kratzdistel (C. vulgare)
Mariendistel (Silybum marianum)
Purpur-Kratzdistel (Cirsium rivulare 'Atropurpureum')
Riesen-Mannstreu (Eryngium giganteum)
Stranddistel (E. maritimum)
Zabels Mannstreu (E. zabelii 'Big Blue')
Doldenblütler (Apiaceae) 71, 175
Doldenblütler, wilde 175
Arznei-Engelwurz (Angelica archangelica)
Pferdeeppich (Smyrnium olusatrum)
Wiesen-Bärenklau (Heracleum sphon-dyli-um)
Wiesen-Kerbel (Anthriscus sylvestris)
Wilde Möhre (Daucus carota)
Wilder Pastinak (Pastinaca sativa)
Duft-Flockenblume (C. moschata) 179
Duftende Platterbse (Lathyrus odoratus) 87
Duftnessel (Agastache spp.) 180, 184
A. 'Black Adder'
A. 'Blue Boa'
Anis-Duftnessel (Agastache foeniculum)
Koreaminze (Agastache rugosa)
Durchwachsener Wasserdost (Eupatorium perfoliatum) 177

Echinacea (Echinacea spp.) 85, 114, 184
Echte Kamille (Matricaria chamomilla) 176
Echter Beinwell (Symphytum officinale) 87, 91, 101, 103, 107, 109, 111, 114, 147, 148, 176
Echter Eibisch (Althaea officinalis) 183
Echter Lorbeer (Laurus nobilis) 25
Echter Meerkohl (Crambe maritima/Crambe cordifolia) 174
Echter Wundklee (Anthyllis vulneraria) 87, 175
Echter Ziest (Stachys officinalis) 179
Edelkastanie (Castanea sativa) 172
Efeu, blühender (Hedera spp.) 66, 67, 69, 114, 182
Gemeiner Efeu (H. helix)
Kaukasus-Efeu (H. colchica)
Ehrenpreis (Veronica spp.) 180
Ähriger Ehrenpreis (V. spicata)
Gamander-Ehrenpreis (V. chamaedrys)
Langblättriger Ehrenpreis (V. longifolia)

Eiche (Quercus) 4, 73, 75
Eisenhut (Aconitum spp.) 101
A. carmichaelii
A. napellus
A. n. henryi 'Spark'
Englische Kratzdistel (Cirsium dissectum) 180
Erbsen (Pisum sativum) 23, 77, 181
Erdbeeren (Fragaria spp.) 64, 149, 181
Erle (Alnus spp.) 172
Herzblättrige Erle (A. cordata)
Schwarz-Erle (A. glutinosa)
Esche (Fraxinus spp.) 82, 83
Esskastanie 172
Edelkastanie (Castanea sativa) 172
Gewöhnliche Rosskastanie (Aesculus hippocastanum)

Feld-Ahorn (Acer campestre) 173
Fenchel (Foeniculum spp.) 157, 176
Gewöhnlicher Fenchel (F. vulgare)
Gewürz-Fenchel (F. v. var. dulce)
Fetthenne (Sedum) 180
Feuerbohnen (Phaseolus coccineus) 77
Fingerhut (Digitalis spp.) 65, 100, 101, 103, 109, 179
Heimischer Fingerhut (D. purpurea)
Kleinblütiger Fingerhut (D. parviflora)
Wolliger Fingerhut (D. lanata)
Fleißiges Lieschen (Impatiens walleriana) 107
Flieder (Syringa spp.) 82, 83, 109
Flockenblume (Centaurea spp.) 79, 83, 85, 99, 101, 105, 107, 109, 114, 175, 179
Berg-Flockenblume (C. montana)
Duft-Flockenblume (C. moschata)
Kornblume (C. cyanus)
Mazedonische Witwenblume (Knautia Macedonia)
Schwarze Flockenblume (C. nigra)
Skabiosen-Flockenblume (C. scabiosa)
Floh-Knöterich (P. maculosa) 175
Frühlings-Nieswurz (Helleborus orientalis) 179
Fuchsien (Fuchsia spp.) 103

Gamander (Teucrium) 114
Garten-Feldrittersporn (Consolida ajacis) 101
Gefleckter Storchschnabel (Geranium maculatum) 85, 178
Gelbe Schafgarbe (A. tomentosa) 177, 179
Gelber Sommerflieder (Buddleja × weyeriana) 173
Gelber Steinklee (Melilotus officinalis) 69
Gemeine Wegwarte (Cichorium intybus) 49
Gemüse-Gänsedistel (Sonchus spp.) 79
Gewöhnliche Kratzdistel (Cirsium vulgare) 79, 180
Gewöhnliche Mahonie (Mahonia aquifolium) 185
Gewöhnliche Robinie (Robinia Pseudoacacia) 173
Gewöhnliche Rosskastanie (Aesculus hippocastanum) 82, 83, 109, 172
Gewöhnliche Schneebeere (Symphoricarpos albus) 83, 109, 114
Gewöhnlicher Blutweiderich (Lythrum salicaria) 89, 105, 183
Gewöhnlicher Hornklee (Lotus corniculatus) 61, 75, 87, 105, 107, 109, 114, 174
Gewöhnlicher Hufeisenklee (Hippocrepis comosa) 75, 175
Gewöhnlicher Natternkopf (Echium vulgare) 89, 105, 107, 109, 114, 179
Gewöhnlicher Strandflieder (Limonium vulgare) 174
Gewöhnlicher Teufelsabbiss (Succisa pratensis) 111, 183
Gewöhnlicher Wasserdost (Eupatorium cannabinum) 177

Gewöhnliches Ferkelkraut (Hypochaeris radicata) 79
Giersch (Aegopodium podagraria) 89
Ginster (Cytisus spp.) 75, 107, 114
Besenginster (C. scoparius)
Vielblütiger Geißklee (C. multiflorus)
Glockenblume (Campanula spp.) 81, 179
Karpaten-Glockenblume (C. carpatica)
Knäuel-Glockenblume (C. glomerata)
Marien-Glockenblume (C. medium)
Nesselblättrige Glockenblume (C. trachelium)
Pfirsichblättrige Glockenblume (C. persicifolia)
Rapunzel-Glockenblume (C. rapunculus)
Rundblättrige Glockenblume (C. rotundifolia)
Goldquirl-Garbe (A. clypeolata) 179
Goldregen (Laburnum spp.) 107
Goldrute (Solidago spp.) 67, 83, 85, 89, 184
Kanadische Goldrute (Solidago canadensis)
Grasnelke (Armeria spp.) 71
Graue Heide (E. cinerea) 69, 107, 111
Greiskraut (Senecio spp.) 148
Griechische Schafgarbe (A. taygetea) 179
Griechisches Basilikum (O. var. minimum) 176
Griechisches Blaukissen (Aubrieta deltoidea) 91
Großes Flohkraut (Pilicaria dysenterica) 79, 174
Grüne Minze (M. spicata) 176
Grünkohl (Brassica oleracea Acephala Zierkohl) 181
Gundermann (Glechoma hederacea) 75, 87, 101, 111, 175

Hain-Salbei (Salvia Nemorosa) 178
Hebe (Hebe spp.) 107, 111, 114, 173
H. 'Autumn Glory' 173
Strauchveronika (H. brachysiphon)
Strauchveronika Neuseeland (H. hulkeana)
Heckenkirsche (Lonicera spp.) 82, 83, 100, 101, 182
Immergrünes Geißblatt (L. sempervirens)
Japanisches Geißblatt (L. japonica)
Waldgeißblatt (L. periclymenum)
Wohlriechende Heckenkirsche (L. fragrantissima)
Heidekraut 67, 68, 69, 87, 99, 103, 109, 114, 173
Besenheide (Calluna vulgaris)
Glocken-Heide (E. tetralix)
Graue Heide (E. cinerea)
Schneeheide (Erica carnea)
Heidelbeere (Vaccinium spp.) 181
Europäische Heidelbeere (V. myrtillus)
Helmkräuter (Scutellaria spp.) 183
Sumpf-Helmkraut (S. galericulata)
Virginisches Helmkraut (S. lateriflora)
Herbst-Löwenzahn (Scorzoneroides autumnalis) 89
Herzblättrige Erle (A. cordata) 172
Hibiskus (Hibiscus spp.) 109
Himbeere (Rubus idaeus) 99, 103, 109, 111
Holunder (Sambucus) 34
Holzapfel (Malus sylvestris) 73, 172
Hornklee 174
Faden-Klee (Trifolium dubium)
Gewöhnlicher Hornklee (Lotus corniculatus)
Hunds-Veilchen (Viola canina) 75
Hundsrose (Rosa canina) 83, 156, 172

Immergrün (Vinca) 25
Indianernessel (Monarda spp.) 177
Pferdeminze (M. punctata)
Scharlach-Indianernessel (M. didyma)
Wilde Bergamotte (M. fistulosa)
Indisches Basilikum (O. tenuiflorum) 176

Japanische Kamelie (Camellia japonica) 111
Japanische Linde (Tilia maximowicziana) 173
Japanische Stechpalme (Ilex crenata) 172
Japanische Zierquitte (Chaenomeles japonica) 185
Jasmin (Jasminum spp.) 109, 182
Echter Jasmin (J. officinale)
Winterjasmin (J. nudiflorum)
Johannisbeeren (Ribes spp.) 172
Blut-Johannisbeere (R. sanguinem)
Rote/Weiße Johannisbeere (R. rubrum)
Schwarze Johannisbeere (Ribes nigrum)
Johanniskraut (Hypericum mutilum) 107

Kahle Winterbeere/Tintenbeere (Ilex glabra) 172
Kalifornischer Flieder (Ceanothus) 101, 107, 114
Kamille 176, 178
Acker-Hundskamille (Anthemis arvensis)
Echte Kamille (Matricaria chamomilla)
Färberkamille (Anthemis tinctoria)
Römische Kamille (Chamaemelum nobile)
Kapuzinerkresse (Tropaeolum majus) 65, 77, 182
Karden (Dipsacus spp.) 105, 107, 174, 181
Karpaten-Glockenblume (C. carpatica) 81, 179
Kartoffel-Rose (Rosa rugosa) 172
Katzenminze (Nepeta spp.) 109, 176
Blaue Katzenminze (Nepeta × fassenii)
Kleinblütige Bergminze (Calamintha nepeta) 176
Kichererbsen (Cicer arietinum) 181
Kirsche (Prunus spp.) 64, 71, 73, 103, 107, 109, 111, 114, 172
Sauerkirsche (P. cerasus)
Schlehe (P. spinosa)
Vogelkirsche (S. avium)
Yoshino-Kirsche (P. × yedoensis)
Klee (Trifolium spp.) 23, 99, 101, 105, 107, 109, 111, 114, 137, 149, 170, 174
Gelber Steinklee (Melilotus officinalis)
Schweden-Klee (Trifolium hybrida)
Wiesenklee (T. pratense)
Kleinblütige Königskerze (Verbascum Thapsus) 61
Kleine Braunelle (Prunella vulgaris) 61, 175
Klematis (Clematis spp.) 182
Gold-Waldrebe (C. tangutica)
Macchien-Waldrebe (C. cirrhosa)
Klette (Arctium spp.) 83
Kletterhortensie (Hydrangea anomala petiolaris) 182
Knäuel-Glockenblume (C. glomerata) 81, 179
Knoblauchsrauke (Alliaria petiolate) 73
Knöteriche (Persicaria spp.) 99, 175
Floh-Knöterich (P. maculosa)
Schlangen-Knöterich (P. bistorta)
Kokardenblume (Gaillardia spp.) 184
Koreaminze (Agastache rugosa) 180
Koriander (Coriandrum sativum) 25, 177
Korkenzieher-Weide (Salix babylonica) 172
Kriechender Günsel (Ajuga reptans) 87, 99, 101, 109, 114
Kriechender Rosmarin (Salvia rosmarinus, früher Rosmarinus officinalis) 176, 178, 184
Prostratus-Arten
Krokus (Crocus spp.) 64, 107, 114, 185
C. vernus
Safran-Krokus (C. sativus)
Kronen-Lichtnelke (Lychnis coronaria) 61
Kugeldistel (Echinops spp.) 180
Banater Kugeldistel (E. bannaticus)
Drüsenblättrige Kugeldistel (E. spha¬erocephalus)
Kürbisgewächse, einschließlich Zucchini, Kürbis etc. (Cucurbitae spp.) 181

Lauch (A. porrum) 181
Kugelköpfiger Lauch (A. sphaerocephalon)
Lavendel (Lavandula spp.) 64, 77, 99, 101, 107, 109, 113, 177
Echter Lavendel (L. angustifolia)
Lavandula × intermedia 'Hidcote Giant' 177
Lavendel Edelweiß (L. 'Edelweiss') 177
Liguster (Ligustrum spp.) 114, 173
Gewöhnlicher Liguster (L. vulgare)
Ovalblättriger Liguster (L. ovalifolium)
Linde (Tilia spp.) 173
Holländische Linde (T. × europeaea)
Japanische Linde (T. maximowicziana)
Sommerlinde (T. platyphyllos)
Winterlinde (T. cordata)
Lippenblütler (Lamiaceae) 61, 77
Löwenzahn (Taraxacum officinale) 64, 71, 73, 75, 79, 83, 85, 93, 99, 101, 105, 107, 109, 114, 170, 174
Lungenkraut (Pulmonaria) 91, 111, 178
Geflecktes Lungenkraut (P. officinalis)
Karpaten-Lungenkraut (P. rubra var. albocorollata)
Lungenkraut 'Opal' (P. officinalis 'Opal') 178
Luzerne (Medicago sativa) 23

Mädchenauge (Coreopsis spp.) 184
Mahonien (Mahonia spp.) 107, 109, 111, 114
Gewöhnliche Mahonie (M. aquifolium)
Mahonia × media 185
Majoran (Origanum spp.) 107, 113, 177
Majoran (O. majorana) 177
Oregano (O. vulgare)
Mannstreu (Eryngium spp.) 180
Alpen-Mannstreu (E. alpinum)
Dreiteiliges Mannstreu (E. × tripartitum)
Flachblatt-Mannstreu (E. planum)
Riesen-Mannstreu (E. giganteum)
Stranddistel (E. maritimum)
Zabels Mannstreu (E. zabelii 'Big Blue')
Marien-Glockenblume (Campanula medium) 81, 179
Mariendistel (Silybum marianum) 180
Mazedonische Witwenblume (Knautia Macedonia) 180
Minze (Mentha spp.) 25, 61, 77, 109, 175, 176
Bergminze (Pycnanthemum spp.)
Grüne Minze (M. spicata)
Pfefferminze (M. × piperita)
Mittlerer Wegerich (Plantago media) 113
Mohn (Papavar spp.) 49
Klatschmohn (P. rhoeas)
Schlafmohn (P. somniferum)
Muskateller-Salbei (Salvia sclarea) 178

Narzissen (Narcissus spp.) 73, 91, 114
Natternkopf (Echium spp.) 89, 179
Gewöhnlicher Natternkopf (E. vulgare)
Gewöhnlicher Natternkopf 'Blue Bedder' (E. vulgare 'Blue Bedder')
Riesennatternkopf (E. pininana)
Natternkopf-Bitterkraut (Helminthotheca echioides) 67, 79, 113, 175
Nesselblättrige Glockenblume (Campanula trachelium) 81, 179
Neubelgische Aster (A. novi-belgii) 178
Nieswurz (Helleborus spp.) 64, 111, 179, 185
Frühlings-Nieswurz (H. orientalis)
Grüne Nieswurz (H. viridis)
H. × hybridus
H. × sahinii 'Winterbells'
Helleborus × ballardiae
Schwarze Christrose (H. niger)
Stinkende Nieswurz (H. foetidus)
Nordamerikanische Wiesenraute (Thalictrum dasycarpum) 85

Oregano (Origanum spp.) 25, 177
Majoran (O. majorana)
Oregano (O. vulgare) 177
Syrischer Oregano (O. syriacum)

Passionsblume (Passiflora spp.) 182
Blaue Passionsblume P. caerulea)
Passionsfrucht (P. edulis) 182
Winterharte Passionsblume (P. incarnata)
Pelargonie (Pelargonium spp.) 61
Pfefferminze (M. × piperita) 176
Pferdeeppich (Smyrnium olusatrum) 175
Pferdeminze (M. punctata) 177
Pfirsich (Prunus persica) 77
Pfirsichblättrige Glockenblume (Campanula persicifolia) 81
Pippau (Crepis spp.) 61, 79, 175
Gewöhnlicher Blasen-Pippau (C. vesicaria)
Kleinköpfiger Pippau (C. capillaris)
Wiesen-Pippau (C. biennis)
Prächtige Fetthenne (Sedum spectabile) 180
Prachtscharte (Liatris spicata) 85, 184
Preiselbeere (Vaccinium vitis-idaea) 105
Primel (Primula) 64, 101, 185
Echte Schlüsselblume (P. veris)
Hohe Schlüsselblume (P. elatior)
Stängellose Schlüsselblume (P. vulgaris)
Purpur-Kratzdistel (Cirsium rivulare 'Atropurpureum') 180
Purpur-Leinkraut (Linaria purpurea) 61, 113

Rainfarn (Tanacetum vulgare) 89
Rainfarn-Phazelie (Phacelia tanacetifolia) 114
Raps (Brassica napus oleifera) 64, 71, 73
Rapunzel-Glockenblume (Campanula rapunculus) 81, 179
Resede (Reseda) 89
Rettich (Raphanus spp.) 181
Ringelblume (Calendula spp.) 148
Ringelblume (C. officinalis) 176
Rittersporn (Delphinium) 101, 103
Robinie (Falsche Akazie), Gewöhnliche Robinie (Robinia Pseudoacacia) 173
Römische Kamille (Chamaemelum nobile) 176
Rosen (Rosa spp.) 83, 171
Bibernell-Rose (R. spinossima)
Filz-Rose (R. tomentosa)
Hundsrose (R. canina)
Kartoffel-Rose (Rosa rugosa)
Nadel-Rose (R. Acicularis)
Wein-Rose (R. rugibinosa)
Rosen, Kletter- (Rosa spp.) 182
R. 'Bobbie James'
R. 'Rambling Rector'
R. filipes 'Kiftsgate'
R. moschata
R. polyantha 'Grandiflora'
Rosen, Rank- (Rosa spp.), Rosa 'Kew Rambler' 182
Rosmarin (Salvia rosmarinus, früher Rosmarinus officinalis) 25, 91, 109, 113, 176, 178, 184
Rot-Ahorn (Acer rubrum) 173
Rote Johannisbeere (Ribes rubrum) 172
Rote Lichtnelke (Silene dioica) 184
Roter Hartriegel (Cornus sanguinea) 114
Rübe, Weiße (Brassica rapa rapa) 181
Rudbeckie (Rudbeckia spp.) 184
R. fulgida var. sullivantii 'Goldsturm'
Schwarzäugige Rudbeckie (R. hirta) 83, 85, 182, 184
Rundblättrige Glockenblume (Campanula rotundifolia) 81, 89, 179
Ruprechtskraut (Geranium robertianum) 91, 178
Russischer Salbei (Perovskia atriplicifolia) 178

Saat-Esparsette (Onobrychis viciifolia) 75
Säckelblume/Kalifornischer Flieder (Ceanothus spp.) 71, 101, 103, 107, 114
Sal-Weide/Kätzchenweide (Salix caprea) 103, 172
Salbei (Salvia spp.) 25, 77, 107, 113, 177, 178
  Blüten-Salbei (S. nemorosa 'Ostfriesland')
  Echter Salbei (S. officinalis)
  Hain-Salbei (Salvia Nemorosa)
  Muskateller-Salbei (S. sclarea)
  Rosmarin (S. rosmarinus, früher Rosmarinus officinalis)
  Russischer Salbei (S. yangii, früher Perovskia atriplicifolia)
Salvia 'Amistad' 178
Salvia × sylvestris 'Caradonna' 178
Schopfsalbei (S. viridis) 178
Salbei-Gamander (Teucrium scorodonia) 114, 174
Sauerkirsche (P. cerasus) 172
Schafgarbe (Achillea spp.) 69, 89, 177, 179
  A. millefolium 'Proa'
  A. ptarmica 'The Pearl'
  Gelbe Schafgarbe (A. tomentosa)
  Gemeine Schafgarbe (A. millefolium)
  Goldquirl-Garbe (A. clypeolata)
  Griechische Schafgarbe (A. taygetea)
  Hohe Garten-Goldgarbe (A. filipendulina 'Cloth of Gold')
Scharfer Hahnenfuß (Ranunculus acris) 83, 107
Scharlach-Indianernessel (M. didyma) 177
Schlehe (Prunus spinosa) 71, 75, 107, 109, 111, 114, 156, 172
Schleier-Aster (Symphyotrichum) 178
Schlingknöterich (Fallopia baldschuanica) 165
Schlüsselblume (Primula vulgaris) 185
Schmalblättriger Hohlzahn (Galeopsis angustifolia) 89
Schmalblättriges Weidenröschen (Chamerion angustifolium) 99, 157, 174
Schmetterlingsflieder (Buddleja spp.) 114, 173
  Gelber Sommerflieder (Buddleja × weyeriana)
  Kugel-Sommerflieder (B. globosa)
  wild und gezüchtet (B. davidii)
Schminkwurz (Alkanna tinctoria) 83
Schneeball (Viburnum) 111
Schneeglöckchen (Galanthus spp.) 25, 185
  Kleines Schneeglöckchen (G. nivalis)
Schnittlauch (Allium schoenoprasum) 25, 89, 103, 107, 113, 181
Schöterich (Erysimum spp.) 91, 93, 107, 185
  Goldlack (E. Cheiranthus)
  Zweifarbiger Schöterich (E. bicolor 'Bowles Mauve')
Schwarzäugige Rudbeckie (Rudbeckia hirta) 83, 85, 182, 184
Schwarzäugige Susanne (Thunbergia alata) 182
Schwarze Christrose (Helleborus niger) 179
Schwarze Johannisbeere (Ribes nigrum) 71, 172
Schwarznessel (Ballota nigra) 61, 113
Schweden-Klee (Trifolium hybrida) 174
Schwertlilie (Iris spp.) 183
Sumpf-Schwertlilie (I. pseudacorus) 183
  Verschiedenfarbige Schwertlilie (I. versicolor)
  Virginisches Helmkraut (Scutellaria lateriflora)
Sedum (Sedum spp.) 89, 107, 109, 114
  Hohe Fetthenne (S. telephium 'Matrona')
  Kaukasus-Asien-Fetthenne (S. spurium)
  Prächtige Fetthenne 'Autumn Joy' (S. spectabile 'Autumn Joy')
  Prächtige Fetthenne (S. spectabile)
  Weiße Fetthenne (S. album)
Sizilianischer Honiglauch (Allium siculum) 181

Skabiosen (Scabiosa/Knautia spp.) 99, 105, 107, 109, 114, 175, 180
Acker-Witwenblume (K. arvensis)
Mazedonische Witwenblume (K. Macedonia)
Skabiosen-Flockenblume (C. scabiosa) 175, 179, 180
Sojabohnen (Glycine max) 23
Sonnenblume (Helianthus annuus) 85, 157
Sonnenbraut (Helenium spp.) 184
Sonnenhut siehe Echinacea 85
Stachelbeere (Ribes uva-crispa) 73, 103
Stechginster (Ulex europaeus) 71, 91, 93, 109, 114, 173
Stechpalme (Ilex spp.) 47, 73, 172
Amerikanische Stechpalme (I. opaca)
Europäische Stechpalme (I. aquifolium)
Japanische Stechpalme (I. crenata)
Kahle Winterbeere/Tintenbeere (I. glabra)
Steinklee (Melilotus spp.) 105, 174
Stinkende Nieswurz (Helleborus foetidus) 64, 111, 179, 185
Storchschnabel (Geranium spp.) 85, 109, 114, 178
Blut-Storchschnabel (G. sanguineum var. striatum)
G. 'Rozanne' Ruprechtskraut (G. robertianum)
Gefleckter Storchschnabel (G. maculatum)
Gefleckter Storchschnabel 'Beth Chatto' (G. maculatum 'Beth Chatto')
Wiesen-Storchschnabel (G. pratense)
Wiesen-Storchschnabel 'Striatum' und 'Spinners' (G. pratense 'Striatum' und 'Spinners')
Gefleckter Storchschnabel (L. maculatum)
Strand-Aster (A. tripolium) 178
Strauchkronwicke (Hippocrepis emerus) 77
Strauchlupine (Lupinus arboreus) 107, 114
Strauchveronika Neuseeland (Hebe hulkeana) 173
Sumpf-Ziest (Stachys palustris) 113
Sumpfdotterblume (Caltha palustris) 183
Syrischer Oregano (Oregano syriacum) 177

Taubnessel (Lamium spp.) 61, 77, 174
Gefleckte Taubnessel (L. maculatum)
Purpurrote Taubnessel (L. purpureum)
Weiße Taubnessel (L. album)
Thai-Basilikum (O. basilicum var. thyrsiflora) 176
Thymian (Thymus spp.) 25, 99, 105, 107, 109, 177
Garten-Thymian (T. vulgaris)
Gebirgs-Thymian (T. polytrichus)
Kopfiger Thymian (T. capitatus)
Zitronen-Thymian (T. × citriodorus)
Tomaten (Solanum lycopersicum) 48, 94, 114, 148, 181
Traubenhyazinthe (Muscari spp.) 103, 185
Weinbergs-Traubenhyazinthe (M. neglectum)

Veilchen (Viola spp.) 91, 107, 180
Duftveilchen (V. odorata)
Hornveilchen (V. cornuta)
Hunds-Veilchen (V. canina)
Purpurblättriges Veilchen (V. riviana purpurea)
Verbene (Verbena spp.) 109, 180
Hänge-Verbene (V. speciosa 'Imagination')
Patagonisches Eisenkraut (V. bonariensis)
Steifes Eisenkraut (V. rigida)
Verbene 'Peaches and Cream' (V. hybrida 'Peaches and Cream') 180
Vielblütiger Geißklee (C. multiflorus) 173
Vogelkirsche (Prunus avium) 172

Waagerechte Herbst-Aster (Aster lateriflorus) 178,
Wald-Ziest (Stachys sylvatica) 179
Wasser-Braunwurz (Scrophularia auriculata) 183
Wasserdost (Eupatorium spp.) 177
Durchwachsener Wasserdost (E. perfoliatum)
Wasserminze (Mentha aquatica) 183
Weide (Salix spp.) 64, 71, 73, 75, 99, 105, 107, 108, 111, 114, 172
Asch-Weide (S. cinerea)
Sal-Weide/Kätzchenweide (S. caprea)
Weidenröschen 99, 157, 174
Schmalblättriges Weidenröschen (Chame-ri¬on angustifolium)
Zottiges Weidenröschen (Epilobium hirsutum)
Weigelie (Weigela spp.) 109
Weißdorn (Crataegus spp.) 71, 73, 156, 172
Eingriffeliger Weißdorn (C. monogyna)
Zweigriffeliger Weißdorn (C. laevigata)
Weiße Wald-Aster (Eurybia divaricate) 178
Weißklee (Ononis repens) 174
Westlicher Erdbeerbaum (Arbutus unedo) 185
Wicken (Vicia spp.) 87, 93, 101, 109, 111, 114, 175
Echter Wundklee (Anthyllis vulneraria)
Futterwicke (V. sativa)
Gewöhnlicher Hufeisenklee (Hippocrepis comosa)
Wiesen-Platterbse (Lathyrus pratensis) 87, 175
Wiesen-Bärenklau (Heracleum sphondylium) 175
Wiesen-Kerbel (Anthriscus sylvestris) 175
Wiesen-Storchschnabel (Geranium pratense) 178
Wiesenklee (Trifolium pratense) 174
Wiesenraute, nordamerikanische (Thalictrum dasycarpum) 85
Wilde Artischocke (Cynara cardunculus) 181
Wilde Bergamotte (M. fistulosa) 177
Wilde Malve (Malva sylvestris) 114, 175
Wilde Möhre (Daucus carota) 89, 175
Wilde Rauke (Diplotaxis tenuifolia) 146
Wilder Pastinak (Pastinaca sativa) 175
Winterling (Eranthis hyemalis) 101, 103, 185
Wohlriechende Heckenkirsche (L. fragrantissima) 114, 182, 185
Wolfsmilch (Euphorbia) 71
Woll-Ziest (Stachys byzantina) 61, 65, 179
Wolliger Schneeball (Viburnum lantana) 73

Ysop (Hyssopus officinalis) 176

Ziest (Stachys spp.) 61, 65, 113, 179
Echter Ziest (S. officinalis)
Echter Ziest 'Hummelo' (S. officinalis Hummelo')
Wald-Ziest (S. sylvatica)
Woll-Ziest (S. byzantina)
Zitronenmelisse (Melissa officinalis) 177
Zottiges Weidenröschen (Epilobium hirsutum) 174
Zucchini (Cucurbita pepo) 47, 181
Zweigriffeliger Weißdorn (Crataegus laevigata) 172
Zwergmispel (Cotoneaster spp.) 99, 103, 111, 173
Baum-Zwergmispel (C. frigidus)
Fächer-Zwergmispel (C. horizontalis)
Glanz-Zwergmispel (C. lucidus)
Spalier-Zwergmispel (C. adpressus)
Zwiebelgewächse (Allium spp.) 181, 185
Lauch (A. porrum)
Schnittlauch (Allium schoenoprasum)
Sizilianischer Honiglauch (A. siculum)
Zwiebel (A. cepa) 89, 181, 185

DANKSAGUNG

Informationen zu Bienen

Meine Bücherregale biegen sich unter dem Gewicht von Büchern über Wildbienen. Einige der besten, die ich besitze, habe ich auf Seite 188–193 aufgeführt. Meine Recherchen stützen sich auch auf viele Websites, hinter denen akribische Feldarbeit und Beobachtungen stecken, und ich verschwand regelmäßig in Kaninchenlöchern, wenn ich Zitaten und Links zu wissenschaftlichen Artikeln folgte.

Aber immer noch versteht man viele Bienenarten nicht gänzlich, vor allem Solitärbienen, und dabei weichen Expertenmeinungen oft stark voneinander ab. Meine Faustregel lautete daher, mindestens zwei zusätzliche bestätigende Quellen zu finden, bevor ich eine Information in dieses Buch aufnehme.

Ich bat Fachleute, mir beim Lösen einiger Rätsel zu helfen. Besonders hervorgehoben für ihre schnellen Antworten seien mein Ehemann Dale Gibson, Stephen Fleming, Herausgeber der Zeitschrift *Bee Craft*, und Professor Mark Winston, vor dessen (virtueller) Haustür ich eines Abends mit einer dringenden Frage über Kokons und „Bienenseide" stand. Er mailte mir sofort unglaublich freundlich zurück und gab mir eine abschließende Antwort. Auch mit Professor Dave Goulson führte ich eine lange, faszinierende Diskussion über biologische Landwirtschaft, Hummel-Zucht und die zunehmend ruppiger werdende Beziehung zwischen Imkern und Hütern von Wildbienen. Mein besonderer Dank gilt ihnen allen, für ihre Zeit und ihre Denkanstöße.

Ein Jahr voller Turbulenzen

Ich möchte mich bei dem brillanten Redaktionsteam von Quadrille Books für die unermüdliche Unterstützung bedanken, das mich bei der Recherche und dem Schreiben dieses Buches in einem besonders schwierigen Jahr unterstützt hat, in dem Dale und ich unser Haus und unsere Geschäftsräume in London und mit Sack und Pack aufs Land umzogen. Das war richtig hart!

Ein Dank auch an Lynda und Geoff Kinsella, von denen wir den riesigen Garten in Essex übernahmen, in dem wir nun heimisch werden. Und schließlich noch einmal, alles Liebe und großen Dank an Dale. Ehemann in vielen Jahrzehnten, Versorger mit reichlich Gemüse aus dem Garten, Nachsichtiger bei meinen wilden Projekten, Besitzer eines kritischen Auges und mein stärkster und geistreichster Unterstützer.

IMPRESSUM

Herausgegeben von Quadrille, an imprint of Hardie Grant Publishing, London
Originaltitel The Wild Bee Handbook

LV.Buch im Landwirtschaftsverlag GmbH
Hülsebrockstr. 2–8, 48165 Münster, +49 25 01 8 01-0, www.lv.de

1. Auflage 2025

Übersetzung: Dr. Katrin Korch, literatur-und-mehr.de
Satz: LV Media Pro im Landwirtschaftsverlag GmbH
Illustrationen: Claire Hurrup
Text: © Sarah Wyndham Lewis 2023
Fotografie: © Maria Bell 2023
Layout: © Quadrille 2023
Die Originalausgabe wurde erstmals 2023 in englischer Sprache von Quadrille Publishing Limited veröffentlicht. Quadrille Publishing Limited ist Teil der Penguin Random House-Unternehmensgruppe.
Copyright © 2025 für die deutsche Ausgabe: Landwirtschaftsverlag GmbH
Herstellung: LV Media Pro im Landwirtschaftsverlag GmbH, Anja Luszek-Hoffmann (Ltg.), Ingo Feyka

ISBN 978-3-7843-5793-5

www.lv-buch.de

Gedruckt in China

FSC www.fsc.org MIX Papier | Fördert gute Waldnutzung FSC® C018179

ÜBER

Ap

KLADO

Anthophil

FAMILIE **Andrenidae**	FAMILIE **Apidae**	FAMILIE **Colletidae**	FA **Ha**
UNTERFAMILIEN/ STÄMME	UNTERFAMILIEN/ STÄMME	UNTERFAMILIEN/ STÄMME	UNTER ST
GATTUNGEN	GATTUNGEN	GATTUNGEN	GAT
ARTEN Es handelt sich um solitär lebende Bienen, die ihre Nester in Höhlen bauen. Obwohl sie Einzelgänger sind, befinden sich die einzelnen Nester oft in großen Ansammlungen.	ARTEN Mit fast 6000 Arten von sozialen und solitären Bienen die größte Bienenfamilie. Umfasst alle Arten von Honigbienen, Hummeln und stachellosen Bienen.	ARTEN Diese solitär lebenden Bienenarten kleiden ihre Nester mit einem zellophanähnlichen Sekret aus. Zu dieser Familie gehören auch Bienenarten, die Pollen in ihrem Körper transportieren.	A Oft „Sch gena einige Schwei werde eine gr Boden einig gängeris in unters Maß